AirBrush
에어브러시

문 정 은 지음

光 文 閣
www.kwangmoonkag.co.kr

AirBrush prologue

에어브러시는 사용법이 간단하면서도 그러데이션이 용이하고 작업 시간이 빠른 장점 등으로 인하여 패션, 광고, 산업 등 다양한 분야에 적용되어 왔다. 그뿐만 아니라 뷰티 분야에서도 네일아트, 타투, 두피관리, 헤어 염색, 스킨케어, 보디 페인팅 등 에어브러시의 무한한 응용 영역이 지속적으로 개척되고 있으며 최근 HD(High Definition) 시대를 뛰어넘는 UHD(Ultra High Definition) 시대를 맞이하여, 방송 분장, 뷰티 메이크업에서의 적용과 관심이 더욱 증가하고 있다.

이에 에어브러시 메이크업 & 아트를 배우고자 하는 이들에게 필요한 적절한 이론과 실기 훈련을 돕는 교재가 필요함을 절감하고 저자가 재직 중인 대학의 수업 교재 활용을 계기로 본 교재의 출판을 서두르게 되었다. 반년 가까운 시간 동안 틈틈이 준비해온 자료지만 막상 글로 옮기고 보니 모자란 부분도 많고 활용 사례와 예시 부분에 있어서도 작업 분량이 여러모로 부족함을 느끼게 된다. 아쉽고 미진한 부분들은 추후 보완하여 더 완성도 높은 교재로 독자들을 만날 수 있도록 노력하겠다는 약속을 드리며, 비록 미흡한 부분이 있더라도 관심 있는 독자에게 참고가 되었으면 하는 바람을 가져본다. 끝으로 출판을 위해 여러모로 마음써 주신 박정태 사장님과 임직원 여러분께 감사의 인사를 전한다.

2013년 3월
문 정 은

CONTENTS AirBrush

01 AirBrush
에어브러시의 개요

1. 에어브러시의 개요

1) 에어브러시의 개념

에어브러시(Airbrush)는 '압축 공기를 만드는 컴프레서(compressor)를 사용하여 물감을 미세한 입자의 안개 상태로 만들고 압축된 공기의 힘으로 물감을 내뿜어 도면을 채색하거나 그림을 그리는 기구'를 말한다. 쉽게 풀이한다면 '압축된 공기를 이용하여 물감으로 그림을 그리는 것'이라고 말할 수 있다.

압축 공기를 만드는 기계인 '컴프레서'에 '에어브러시 건(Airbrush Gun)'을 연결하여 물감을 분사시키면 넓은 표면도 빠른 시간 내에 도색할 수 있으며, 얇고 깨끗한 표면의 색감 표현뿐 아니라 부드럽고 자연스러운 색상의 조화와 그러데이션(gradation)이 가능하다. 보디 페인팅(body painting)의 경우에도 에어브러시를 이용하면 자연스러운 그러데이션과 사실적인 명암표현이 용이해 다양한 효과를 낼 수 있으며 스텐실(Stencil, 도안)을 이용하여 핸드 페인팅으로는 표현할 수

에어브러시의 장 · 단점

에어브러시의 장점	에어브러시의 단점
• 도색 면이 깨끗하고 얇다. • 그러데이션이 용이하고 명암차 도색이 가능해 여러 가지 효과를 낼 수 있다. • 도료가 분무 형태라 도료의 낭비가 적다. • 사용이 간단하며 작업 시간이 빠르다.	• 가격이 비싸다. (부가 장비 포함 시 30~50만 원 이상 되기도 함) • 휴대가 힘들다. • 사용에 제한이 따른다. (소음이나 분진 등으로 인하여) • 청소 및 사용에 있어 숙달되어야 한다.

없는 섬세한 형태의 디자인을 정확하면서도 간편하게 표현할 수 있다.

2) 에어브러시의 역사

(1876년) 스프레이 형식의 기구 최초 개발 - 프란시스 에드거 스탠리(Francis Edgar Stanley)

(1879년) 예술적 목적을 위한 에어브러시 최초 개발 - 애브너 필러(Abner Peeler)

(1893년) 에어브러시로서의 실용적인 장치가 개발 - 찰스 버딕(Charles Burdick)

에어브러시와 같이 스프레이 하는 방식의 기구를 처음 개발한 것은 1876 매사추세츠 뉴튼(Newton, Massachusetts)의 프란시스 에드거 스탠리(Francis Edgar Stanley)에 의해서이다. 그러나 이 기구는 현재의 용도와 같이 회화 등에 이용된 흔적은 남아 있지 않다.

그 후 현재의 에어브러시와 같은 용도와 기능을 갖춘 좀 더 진보된 형식의 기구를 최초로 개발한 사람은 애브너 필러(Abner Peeler)이다. 1879년 애브너는 수채화와 기타 예술적 목적을 위한 그림을 그리기 위해 수동으로 작동하는 압축기 방식을 이용하였는데, 이 또한 그전보다 진보된 형식이라 하나 몇몇 기초 부품을 용접하여 만든 조잡한 수준에 불과했다.

그로부터 4년 뒤 에어브러시로서의 진정한 실용적 기능을 갖춘 장치가 수채화가였던 영국의 챨스 버딕(Charles Burdick)에 의해 개발되었다. 버딕은 처음으로 노즐과 니들 캡을 구비한 내부 혼합 방식의 에어브러시를 개발하고 1893년 시카고에서 열린 세계 콜럼버스 박람회에서 발표하였다. 버딕은 미국에서 잉크 브러시 회사를 설립하고, 시장 진입을 위한 에어브러시의 첫 번째 시리즈를 발표했다. 버딕의 회사가 발표한 제품은 펜과 비슷한 형태를 가졌으나 겉의 형태와는 전혀 다른 방식으로 작동하는 현대의 에어브러시와 동일했으며, 그 당시 창립된 버딕의 회사는 아직도 영국에서 에어브러시의 생산과 판매를 계속해 오고 있다.

에어브러시가 국내에 도입된 것은 1940년대 후반으로 초반에는 그래픽 디자인, 광고사진 수정, 일러스트, 회화 등에 이용되었으나 현대에 들어서면서 기존에 활용되어 오던 범주를 넘어서 미용을 포함한 각 산업 분야에 도입되어 활용되고 있다.

뷰티 산업에서의 에어브러시 사용은 1990년대로 미국 할리우드에서 방송문화의 디지털 시대에 필요한 메이크업 기법으로 대두하면서부터이며 그 후 한국의 뷰티 산업에서도 에어브러시 기법이 도입되어 뷰티 메이크업, 판타지 메이크업, 보디 페인팅, 특수 분장, 네일아트, 헤어, 피부 등 각 분야에서 널리 이용되고 있다.

3) 에어브러시의 원리

에어브러시는 컴프레서가 구동하면서 만들어내는 압축된 공기를 에어호스를 통해 에어브러시 건으로 이동시키면 가늘고 미세한 바늘(니들)이 메인 레버(main lever)의 움직임에 따라 노즐 사이로 컬러를 뿜어내는 형식의 원리로 작동된다. 에어브러시의 기본 동작은 간단하여 당김쇠(메인 레버)를 검지로 누르면 컴프레서를 통해 만들어진 압축된 공기가 페인트와 함께 뿜어져 나온다. 당기는 힘의 세기에 따라 선의 굵기와 컬러, 선명도를 다르게 조절할 수 있다. 뷰티 메이크업에서 아이라인을 그릴 때와 같이 민감한 부분을 작업할 경우에는 사용 압력을 20 PSI(1.38 bar) 정도로 낮은 압력을 사용하지만 두꺼운 페인트를 분무하여 자동차를 도색하는 등의 작업을 할 때는 100 PSI(6.8 바) 또는 그 이상이 필요하다.

4) 에어브러시의 활용 분야

에어브러시는 미술 삽화, 사진 보정, 자동차, 비행기, 배, 프라 모델, 의류 등 다양한 분야에 적용되어 왔다. 그러나 최근 HD(High Definition) 시대를 뛰어넘는 UHD(Ultra High Definition) 시대를 맞이하며 뷰티 분야에서도 에어브러시의 무한한 응용법을 제시하면서 방송 분장, 뷰티 메이크업, 보디 아트, 네일 아트, 에어브러시 타투 등 다방면에서 널리 이용되고 있다. 또한, 메이크업 및 헤나 협회 등에서 뷰티 에어브러시에 관한 민간 자격증 등을 신설하면서 에어브러시에 대한 관심을 더욱 높아지고 있다.

- 뷰티용 - 네일아트, 보디 페인팅, 패션 타투, 에어브러시 메이크업, 페이스 페인팅, 두피 마사지, 헤어 염색, 피부 마사지 등
- 미술용 - 파인 아트, 벽화, 일러스트, 티셔츠 디자인 등
- 산업용 - 자동차, 비행기, 배, 오토바이 등 도색
- 취미용 - 피규어, 프라 모델 등 모델링의 여러 분야에 응용

2. 에어브러시의 구성과 도구

에어브러시란 스프레이 아트(Spray Art)의 전체적인 부분을 모두 종합해서 일컫는 용어이며 컴프레서, 에어브러시 건, 에어호스, 물감, 이 네 가지 요소로 이루어져 있다. 이 중 에어브러시 건이 가장 우선으로 취급되는 기구이다.

에어브러시 구성 요소

에어브러시 도구

1) 에어브러시 구성 요소

(1) 컴프레서(Compressor)

공기를 분사하기 위해 필요한 공기 생산 기능을 갖춘 모터이다. 뷰티 메이크업은 휴대가 간편하고 압력 조정 기능이 없는 콤팩트 형만으로도 작업이 가능하나 타투 또는 보디 페인팅 등 작업 면적이 넓은 곳에 이용하고자 할 경우에는 압력 조정기와 제습 필터가 내장되어 있어야 하며, 공기압이 높은 제품을 이용하는 것이 좋다. 사용 중에는 오토 게이지(Auto gage) 앞에 달린 제습 필터에 물이 차면 물을 빼주어야 한다. 그렇지 않으면 필터에 고인 물이 에어호스를 거쳐 물감과 함께 뿜어져 나와 작업을 망칠 수 있다.

보디 페인팅과 같이 장시간에 걸쳐 작업을 하거나 2~3개 이상의 에어브러시를 동시에 사용하는 경우에는 에어 탱크(air tank)가 장착되어 있는 컴프레서를 사용하는 것이 좋다. '에어탱크(air tank)' 란 컴프레서에서 발생한 공기를 일정한 압축 공기통에 보관하여 두는 곳으로 일정한 압력을 유지시켜줌과 동시에 맥류(공기압이 불규칙하게 튀는 현상)를 막아주어 채색 시 일정한 압력을 유지해주어 균일하고 정밀한 도장막을 형성해준다. 아울러 '자동 온 오프 스위치(auto on & off switch)' 가 장착된 모델이라면 일정 용량 및 일정 압력 한도 내에 에어를 발생시키고 동작을 멈추므로 모터의 무리를 덜어주고 소음 및 전기세 절감 효과에도 좋다.

■ **좋은 컴프레서의 선택 요령**

에어브러시 건과 컴프레서는 고가 장비이기 때문에 구입할 때 신중을 기해야 하며, 컴프레서의 선택 시 다음 사항을 고려하는 것이 좋다.

① 소음이 적어야 한다.

② 출력은 적당한 것이 좋다.

작은 출력의 컴프레서는 계속 작동시켜야 하므로 장시간 작동 시 컴프레서에 받는 스트레스가 높아 모터의 수명이 짧아지는 원인이 되기도 한다. 따라서 가능한 한 출력은 높은 것이 좋으나 지나친 고출력은 소음이 덩달아 커지거나 가격적인 메리트가 적으므로 자신에게 맞는 용도와 적절한 출력을 갖춘 제품을 구입하는 것이 좋다. 보통 1~2kg/hg 정도면 웬만한 에어브러시 3~4대 정도 사용이 가능하고 2~3kg/hg 이상 압력이면 에어 공구 사용이 가능하다.

③ 크기와 진동은 작은 것이 좋다.

컴프레서는 가능한 한 부피가 작은 것이 좋다. 그러나 부피만 작은 것을 찾다 보면 출력 등이 적어지는 단점도 있으므로 크기는 작으면서 고출력을 내는 것을 구입하는 것이 좋다. 또한, 진동은 소음의 직접적인 원인이므로 진동이 적은 '오일 방식' 그중 '다이어프램' 방식(소음이 적고 진동이 적거나 거의 없으며 반영구적이고 크기가 작은 것이 큰 장점)이 좋다.

④ 가격과 사후 처리(A/S)가 좋은 제품이 좋다.

가격보다 더 중요한 것은 성능이다. 지나치게 저렴한 제품을 찾다 보면 사용하기 힘든 저출력과 잔고장이 많은 중국제이거나 소음과 진동이 심한 저질 제품을 구입할 수도 있으므로 합리적인 가격에 AS가 원활한 제품인지 고려해야 한다.

(2) 에어브러시 건(Airbrush Gun)

용도에 따라 여러 종류의 건이 있는데, 담을 수 있는 물감의 양이나 바늘의 굵기 등에 따라 다르다. 뷰티 분야에서는 네일아트의 경우 0.2mm 노즐, 메이크업과 보디 페인팅의 경우 0.2~0.5mm의 노즐을 주로 이용한다.

(3) 에어브러시 전용 물감(Airbrush Paint)

에어브러시에 이용되는 물감은 묽은 액체 상태로 되어 있는 것이어야 하며 물감에 알갱이가 있거나 입자가 굵은 상태의 것은 건의 노즐이 막혀 제대로 작동하지 않을 수 있으니 주의해야 한다. 특히 펄이 들어 있는 물감의 경우 건의 노즐이 잘 막히는 현상이 생기므로 노즐의 사이즈가 너무 작은 것은 사용을 피하는 것이 좋다.

뷰티 분야에서 이용되는 물감으로는 물감의 주요 구성 성분에 따라 실리콘 베이스(Silicon Base), 워터 베이스(Water Base), 알코올 베이스(Alcohol Base), 아크릴릭(Acrylic : Acrylic for airbrushing) 등으로 구분되며 사용 후 촉감 및 질감 등이 각기 다르다. 투명 · 불투명, 형광, 금, 은, 펄 등 여러 가지 종류의 물감이 있으며 물감의 색에 따라 농도와 입자가 다르므로 물감을 사용하기 전에 특성을 잘 파악해야 한다.

물감의 종류와 특성

물감 종류	실리콘 베이스 (Silicon Base)	워터 베이스 (Water Base)	알코올 베이스 (Alcohol Base)	아크릴릭 (Acrylic for air brushing)
특징	• 물에 쉽게 지워지지 않음 • 파우더의 사용을 필요로 함	• 수성 물감으로 냄새가 거의 없음 • 유분감이 없어 파우더 사용이 필요치 않음	• 알코올로 만들어진 물감으로 물에 쉽게 지워지지 않으므로 장시간 촬영, 수중 촬영 등에 적합 • 컬러 발색이 뛰어나 마스크, 폼 라텍스, 인공 스킨 등에 사용이 가능하며 일시적인 타투에도 이용	• 아크릴계 수지를 이용해 만든 도료로 수용성 • 수지 상태일 때는 물에 녹아 자유롭게 희석이 가능하나, 일단 굳어지고 나면 물이 통과되지 않는 불투명 재질로 변화
사용처	얼굴과 신체 사용 가능	얼굴과 신체 사용 가능	얼굴, 신체, 실리콘, 라텍스 채색 가능	일러스트나 피규어 등 채색에 이용
장점	촉촉한 질감으로 윤기 있는 피부 연출 가능	가벼운 질감과 사용 시 산뜻한 느낌	• 물이나 땀에 잘 안 지워지고 3~7일 정도 유지 가능 • 컬러 발색이 뛰어남	지속력이 뛰어나 물체 도색에 이용하기 좋음
단점	수성에 비해 사용감이 약간 답답한 느낌이 들 수 있음	사용감이 건조하며 시간이 지나면 더욱 건조해지고 갈라짐	• 알코올 베이스라 가연성임 • 눈 주위는 가능하면 피하는 것이 좋음	다른 물감에 비해 점도가 높아 건이 잘 막힐 수 있음
클리너	전용 클리너	물	알코올	알코올

(4) 에어 호스(Air Hose)

압축된 공기를 컴프레서로부터 건까지 전달하는 역할을 한다. 전화선과 같이 말려진 코일형 호스보다 일자형의 직관형 호스가 사용하기 좋다.

2) 에어브러시 장비 및 도구

① 컴프레서(Compressor) ② 에어브러시 건(Airbrush Gun) ③ 에어브러시 전용 페인트 ④ 에어 호스
⑤ 건 홀더(Gun holder) ⑥ 클린 팟(Clean Pot) ⑦ 알코올 또는 전용 클리너(Cleaner) ⑧ 스텐실 ⑨ 건 청소용 브러시

①~④ 위의 설명 참조

⑤ 건 홀더(Gun holder) : 건을 걸어두어 고정하는 도구이다.

⑥ 클린 팟(Clean Pot) : 에어브러시 건을 청소할 때 물감이 공기 중에 날리지 않도록 사용하는 유리 용기이다.

⑦ 알코올 또는 전용 클리너(Cleaner) : 에어브러시 건을 청소할 때 이용하는 것으로 워터 베이스 물감은 딱딱하게 굳어 있는 상태가 아니라면 물만으로도 어느 정도 청결한 건 세척이 가능하나 아크릴 물감은 에탄올을 이용하여야 말끔한 세척이 가능하다. 실리콘 베이스의 경우 에탄올을 사용하면 오히려 뭉치는 성질이 있으므로 전용 클리너를 사용하는 것이 좋으며, 전용 클리너의 경우 공기 중에 물감 방울이 번지는 것을 방지할 수 있다.

⑧ 건 청소용 브러시(Brush) : 브러시의 털이 잘 빠지지 않고 길이가 약간 길며 유화 붓과 같이 탄력 있는 붓을 이용하는 것이 좋다.

⑨ 스텐실(Stencil) : 접착 스텐실과 필름 스텐실로 나눌 수 있으며 필요에 따라 본인이 제작할 수도 있다. 접착 스텐실은 두께가 얇고 잘 밀착되어 세밀한 디자인 작업도 용이하지만 수명이 짧은 단점이 있고, 필름 스텐실은 한 번 제작하면 반영구적으로 사용할 수 있지만 재단의 어려움과 사용시 주의가 필요하다.

⑩ 에어 분배기(3-WAY) : 여러 개의 건을 사용 시 컴프레서에 연결하여 에어를 배분해주는 역할을 한다. 3-WAY 사용 시 호스를 3개까지 연결하여 사용 가능하다.

⑪ 수분 미니 필터(Mini Filter) : 컴프레서에서 압축 공기가 호스를 타고 나오는 동안 생길 수 있는 수분을 에어브러시 건에 유입되기 직전 다시 한 번 수분을 잡아주는 역할을 한다. 에어브러시 건에 바로 연결하여 사용한다.

⑫ 커플러(Coupler) : 에어브러시 건을 호스에서 분리할 때 공기의 유출 현상을 막아주며 쉽고 간편하게 분리되도록 돕는 역할을 한다. 호스에 커플러 보디 부분을 장착하고 에어브러시 건에 커플러 헤드 부분을 장착하면 된다. 사용할 에어브러시 건의 수량만큼 커플러의 헤드 부분만 추가로 구매하여 사용하면 된다.

3) 에어브러시 건의 분해도

에어브러시 건은 제품회사의 제작 방식에 따라 조금씩 차이가 있으나 기능과 공법의 구조는 일치한다.

황동 재질로 이루어진 본체는 녹이 잘 슬지 않는 크롬으로 도금되어 스틸 특유의 맑은 유광 은색의 금속색 몸체를 띠며, 이는 일반적인 드로잉 잉크(Drawing ink) 외에 독성이 강한 락카계 도료를 쓰더라도 쉽게 부식되지 않는 특성이 있다.

그러나 건의 구조에 차이가 있음을 감지하고 숙지한 후 사용하도록 한다. 에어브러시 건에서 가장 중요한 부분은 노즐과 니들이다. 이 두 가지는 주위 충격에 매우 약해서 기능적으로 문제가 많이 발생하는 부품이므로 떨어뜨리거나 주변의 물체와 충돌하여 니들의 끝이 휘거나 노즐이 상하는 일이 없도록 항상 조심해서 다루어야 한다. 건의 중간 부분에 위치한 메인 레버는 공기와 컬러의 분사량, 분사 속도를 조정하는 중요한 기능을 담당한다.

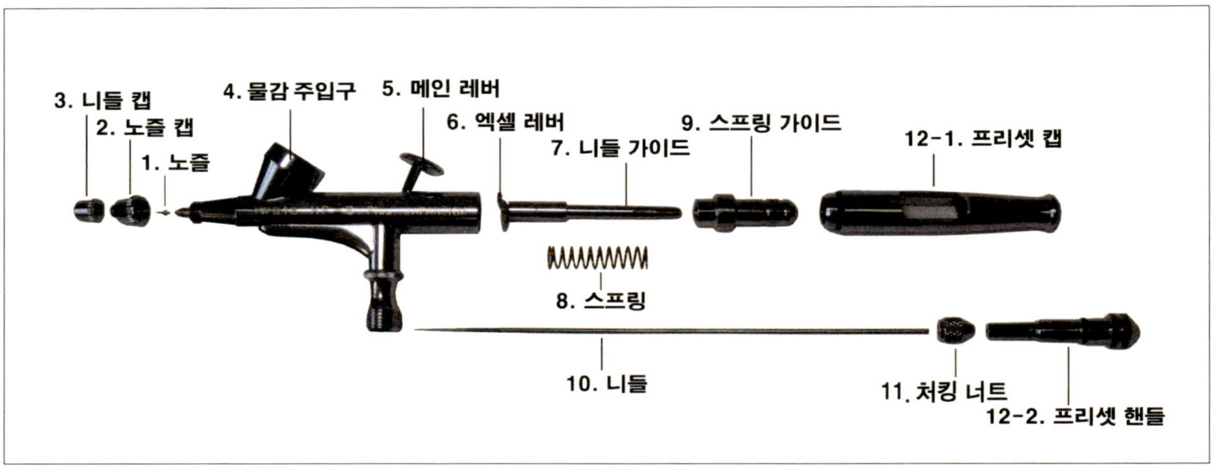

에어브러시 분해도

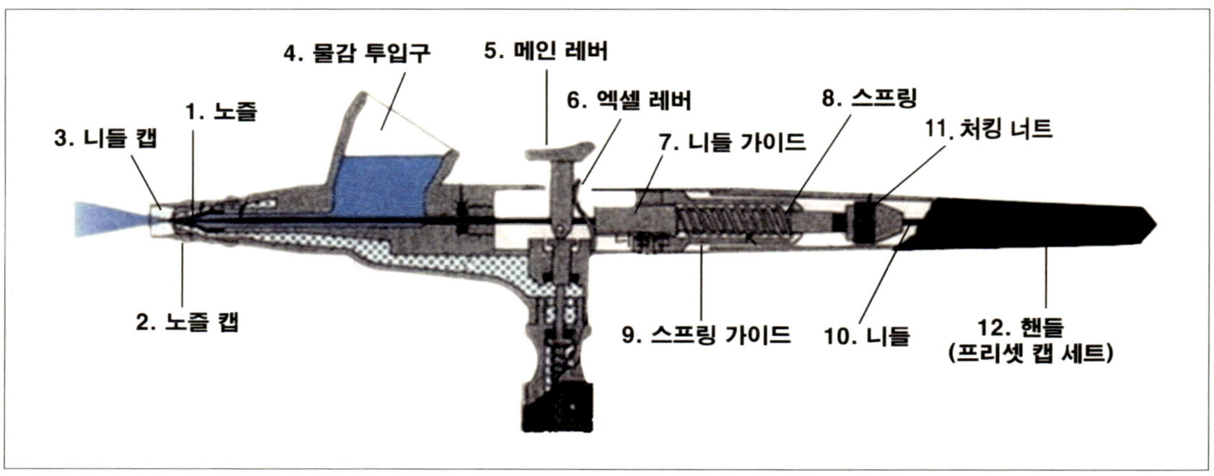

에어브러시 도면

① 노즐(Nozzle) : 물감을 방출시키는 통로로 에어브러시 부품 중 가장 취급에 주의해야 한다.

② 노즐 캡(Nozzle cap) : 노즐과 캡의 끝과 끝이 결합되면서 형성된 미세한 공간을 정밀한 각도와 공간에 어우러져 분사가 가능하도록 하는 역할을 한다. 노즐 캡을 잘 청소하지 않아 물감이 막히면 페인트 컵에 거품이 생기거나 레버를 작동시켜도 공기가 방출되지 않아 페인트가 불규칙하게 분사되는 현상이 생긴다.

③ 니들 캡(Needle cap) : 공기 분사 시 분사되는 물감이 외부의 공기와 접촉되면서 물감이 건조해지는 것을 막아주며, 공기와 물감 분사 방향을 일정하게 잡아주는 역할을 한다. 즉 똑바로 분사될 수 있도록 도와주는 부품이다.

④ 투입구(Fluid cup) : 물감을 주입해 주는 곳이다.

⑤ 메인 레버(Main lever) : 메인 레버는 공기량과 물감 양을 조절하는 두 가지 역할을 하고 있다. 레버를 누르면 공기가 뿜어져 나오고 누른 상태에서 뒤로 당기면 물감이 분사된다. 누르는 강도와 누르는 시간에 따라 물감의 강약이 조절된다.

⑥ 엑셀 레버(Auxiliary lever) : 메인 레버와 니들 가이드의 접촉 시 손상을 방지한다.

⑦ 니들 가이드(Needle guide) : 니들을 고정시켜 주는 역할을 한다.

⑧ 스프링(spring) : 전진 탄력의 힘을 실어준다.

⑨ 스프링 가이드(Spring guide) : 니들 가이드의 자리 이탈 방지와 스프링의 탄력을 지속시켜 준다.

⑩ 니들(Needle) : 물감의 분사량을 조절하기 위한 장치. 니들의 끝 부분에 물감의 잔여물이 생기지 않도록 하고 충격에 주의해야 한다.

⑪ 처킹 너트(Chucking nut) : 바늘의 일정한 움직임을 원하는 데로 조정해 주는 물림쇠로 니들 가이드와 니들이 서로 결합하여 움직이도록 도와준다. 에어브러시 건을 사용하지 않을 때는 처킹 너트를 살짝 풀어주어 바늘을 노즐로부터 이탈시켜 주는 것이 좋다.

⑫ 핸들(Handle) : 사용하고 난 후에는 핸들을 조립하여 보관한다.

※ ⑫~①의 순으로 분해하고 ①~⑫의 순으로 조립한다.

4) 에어브러시 건(Airbrush Gun)의 분류

에어브러시 건은 다양한 종류의 것들이 있다. 형태에 따라 분사 방법에 따라 각 사용처가 다르므로 자신의 사용 목적에 맞게 기능과 디자인을 선택하는 것이 중요하다. 에어브러시 건은 분사 방법에 따라 싱글 액션, 더블 액션으로 구분되고 형태에 따라서는 컵 타입, 보틀 타입, 건 타입 이렇게 세 가지로 분류하여 구분할 수 있다. 또한, 노즐의 사이즈에 따라 구분할 수도 있는데 1호(0.1mm)~6호(0.6mm)까지 이른다. 일반적으로 1~2호는 한 번에 도료를 담는 용량이 4~6cc, 3호는 7~10cc 정도 된다. 일반적으로 2호나 3호가 가장 많이 쓰이며 이는 니들 굵기가 각각 0.2와 0.3mm 정도이다. 최근에는 0.2mm, 0.3mm의 노즐을 한 개의 건에 교체하여 사용할 수 있는 타입도 출시되어 있다.

(1) 분사 방법에 따른 분류

에어브러시 건은 분사 방법에 따라 싱글 액션 타입(Single Action Type)과 더블 액션 타입(Double Action Type)으로 구분된다. 싱글형과 더블형의 차이는 메인 레버(Main lever)의 기능 차이에 따른 것이다.

① **싱글 액션 타입**(Single Action Type)

레버를 누르면 공기와 물감이 동시에 분사되며 레버를 누르는 강도에 따라 분사되는 공기압이 조절된다. 물감의 분사량 조절은 건 뒤쪽 '니들 조절 다이얼'로 미리 조절하여 사용 가능하다. 사용 방법이 단순하여 초보자도 쉽게 사용이 가능하며 혈관같이 색이 일정하게 나오게 할 때나 넓은 면적을 한 가지 색으로 칠할 때 매우 효율적이다. 그러나 물감과 공기압을 마음대로 조절하기 어려워 섬세한 작업에는 어려움이 있다.

② **더블 액션 타입**(Double Action Type)

더블형은 메인 레버로 공기와 물감의 흐름 양을 별도로 조절할 수 있는 에어브러시이다. 레버를 눌러 공기압을 조절하고 레버를 뒤로 당겨 물감의 양을 조절할 수 있다. 위에서 아래 방향을 향해 레버를 누르면 물감은 분사되지 않고 공기(Air)만 분사되며 레버를 누른 상태에서 몸쪽으로 당기면 물감(Paint)이 분사된다. 따라서 레버를 누르면서 뒤로 당겨 물감을 분사시키기 때문에 어느 정도의 연습량이 필요하지만 숙련되면 공기압과 물감의 양 조절이 자유로워 섬세한 작업을 할 때 용이하다. 전문가들은 더블 액션 타입(Double Action Type)을 선호하며 많은 이들이 이 타입을 사용 중이다.

[사용 방법]

1) 검지로 메인 레버를 아래쪽으로 눌러 압축 공기를 분사한다.

2) 압축 공기를 분사하면서 몸쪽으로 당기면 도료가 압축 공기와 함께 분사된다.

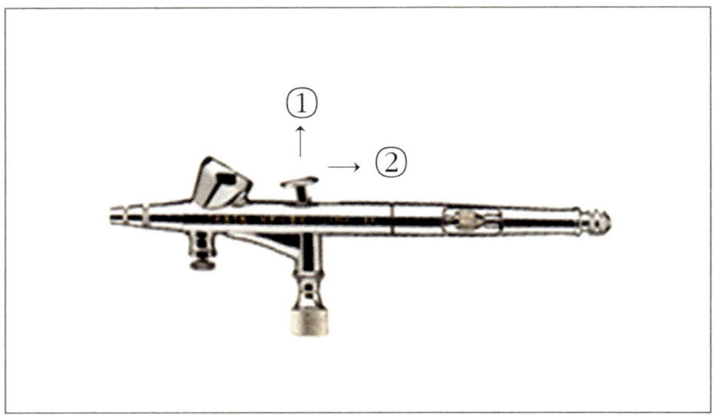

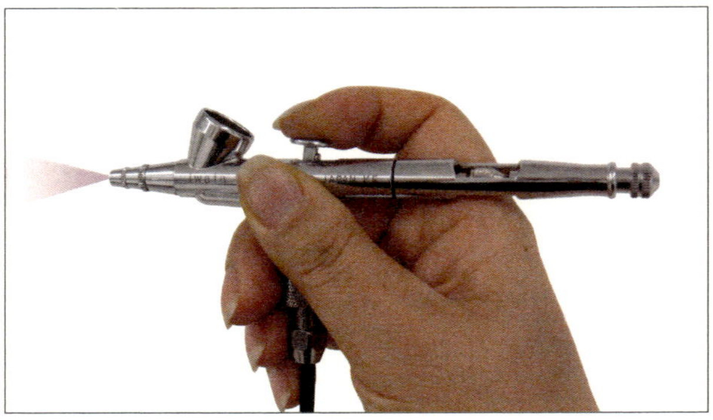

(2) 형태에 따른 분류

에어브러시 건의 형태는 사용 용도와 사용 방법에 따라 여러 가지가 있다. 에어브러시 건은 컵의 부착 방법과 레버의 형태에 따라 크게 5가지 종류로 분류된다.

도료 컵의 형태에 따라서는 크게 네 가지로 나뉘는데, 컵이 보디의 상부에 붙어 있는 상부 부착식(고정식) 컵 타입(Cup Type), 물감 통을 교체하여 사용할 수 있는 상부 부착식(탈착식) 컵 타입, 물감 주입구가 보디 측면에 부착되어 있는 사이드 컵 타입(Side cup type)과 병을 교체하여 사용할 수 있는 하부 부착식 보틀 타입(Bottle Type), 그 외 레버(트리거 : trigger 라 칭함)가 총의 방아쇠와 같이 생긴 건 타입(Gun Type)이 있다. 이와 같이 에어브러시 건의 종류는 많고 다양하여 에어브러시 건에 대해 잘 이해하고 자신이 표현하고자 하는 표현 범위, 용도, 사용하게 될 물감의 양 등을 고려한 뒤 선택하여야 한다. 물감의 공급은 중력식과 흡입식 두 가지가 있다.

① **컵 타입**(Cup Type)

물감을 주입하는 입구가 위, 또는 옆에 달려있어 중력식으로 물감을 공급(물감의 무게로서 물감을 위에서 아래로 흘리는 방식)하는 타입이다. 네일아트나 뷰티 메이크업의 경우 소량의 페인트를 이용하여 여러 가지 색상을 사용하게 되는데, 이처럼 적은 양의 물감과 여러 가지 색상을 번갈아

컵 타입 (Cup Type)

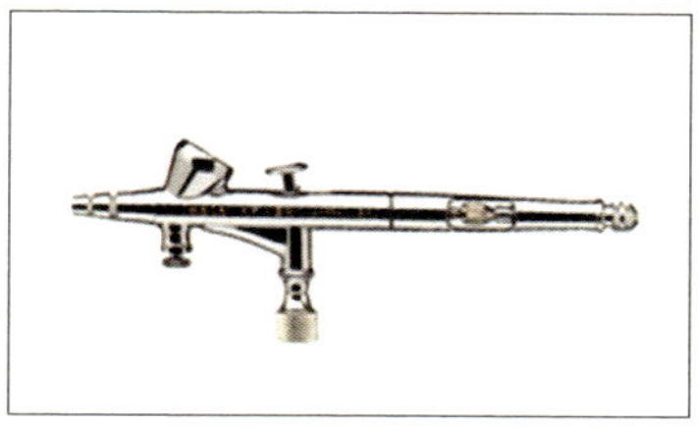

| 상부 부착식(고정식) |

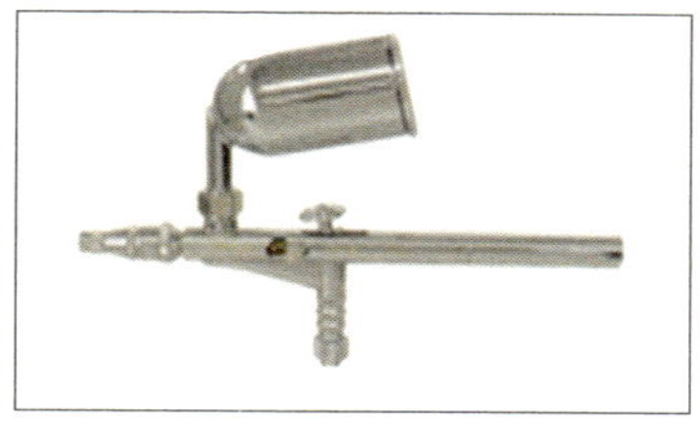

| 상부 부착식 (탈착식) |

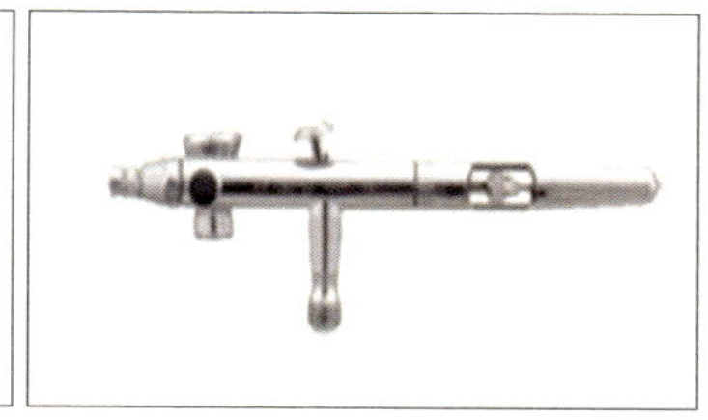

| 측면 부착식(side cup type) |

보틀 타입 (Bottle Type)

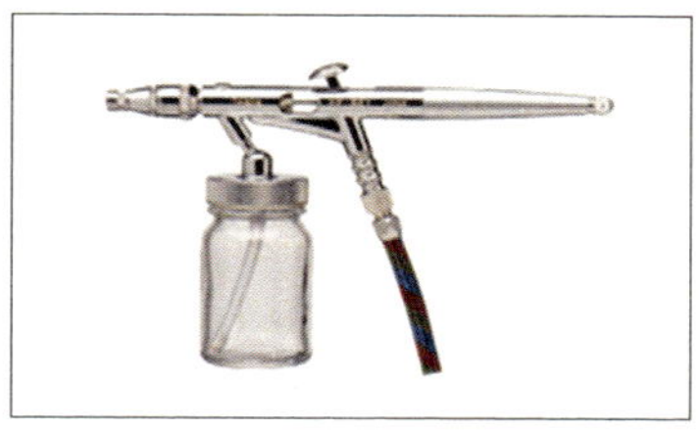

| 하부 부착식(bottle type) |

건 타입 (Gun Type)

| 건 타입(Gun Type) |

에어브러시 건의 형태

사용할 경우 컵 사이즈는 작은 것이 좋다. 필요 없이 컵의 용량이 클 경우 그만큼 건의 무게가 더해지기 때문에 능률이 떨어지고 분사량 조절에 정교함이 떨어지게 된다. 또한, 한번에 많은 물감량을 사용할 경우에는 컵 사이즈가 큰 것을 선택하면 되고 사용하는 시간을 고려하여 컵에 뚜껑이 필요한지도 고려해 볼 수 있다.

② **보틀 타입**(Bottle Type)

물감을 빨아 올려서 공기 흐름에 흘려보내는 흡입식 방식으로 물감 용기를 에어브러시 밑에 달게 되므로 어떠한 크기에도 좋고 상당한 양의 물감을 넣을 수가 있다. 색을 바꾸고 싶을 때도 다른 용기를 미리 준비해 두면 컵을 세척하는 과정을 거치지 않고 간편하게 물감을 교체할 수 있다. 그러나 물감 용기가 분리되는 방식은 물감이 조금밖에 남지 않은 상태에서는 분사가 안 돼 도료의 낭비가 클 수 있으며 예각(90°보다 작은 각)으로 물감을 분사하고자 할 때 물감 용기가 밑에 붙어 있으므로 작업면과 가까이 붙일 수 없는 단점이 있다.

③ **건 타입**(Gun Type)

건의 손잡이를 당기면 공기와 컬러가 함께 분사되며 뿜는 힘이 강하여 넓은 면적을 채색하거나 장시간 채색에 편리하다. 건의 손잡이를 당기면 공기와 컬러가 함께 분사되며 뿜는 힘이 강하여 넓은 면적을 채색하거나 장시간 채색에 편리하다. 사용은 편리한 장점이 있으나 메인 레버 형식보다 가격이 비싸고 미세한 도료의 분출이 어렵다는 단점이 있다.

(3) 노즐(Nozzle) 사이즈에 따른 분류

페인팅에 사용되는 일반 브러시는 사이즈별로 0, 1, 2, 3…… 등 호수로 구분되어 있듯이 에어브러시 건에도 노즐(Nozzle) 구경에 맞춰 2호, 3호(0.2mm, 0.3mm) 등 사이즈로 구분되는데 보편적으로 0.2~0.8mm까지 사용되며 뷰티 분야에서는 0.2~0.5mm까지 사용된다. 에어브러시 건은 밀리(m)수가 적을수록 물감 분사량이 적어 좀 더 세밀한 작업이 가능해지고 밀리(m)수가 클수록 물감 분사량이 많고 분사 범위가 넓어 넓은 면적에 고르게 분사하기에 용이하다.

① 노즐(Nozzle) 사이즈 선택

노즐 구경의 크기에 의해 물감의 분출량이 달라지며 이에 따라 공기의 사용량도 달라진다. 노즐 사이즈 0.2~0.3mm는 정밀한 작업에 용이하여 네일아트, 일러스트, 프라모델, 피규어 등 작은 면적에 디자인할 때 사용한다. 하지만 노즐 구경이 작아 물감의 입자가 곱지 않을 경우 노즐 막힘 현상이 생길 수 있다.

노즐 사이즈 0.3~0.5mm는 보디 페인팅, 페이스 페인팅, 메이크업 등 조금 더 넓은 면적에 정밀하진 않지만 많은 디자인이 들어갈 경우 주로 사용되고 있다. 노즐 사이즈 0.5~0.8mm는 넓은 면적에 광범위하게 분사할 수 있어 도색용으로 사용되고 있다.

■ 네일아트용

에어브러시 네일아트는 작은 손톱 위에 디자인하기 때문에 정밀하게 표현 가능한 노즐 사이즈 0.2~0.3mm 가 적당하다. 0.2mm와 0.3mm는 육안으로 정밀도의 차이를 느끼지 못하지만 물감 분사 시 일반 컬러와 펄 컬러를 사용하다 보면 그 차이를 느낄 수 있다. 펄 컬러는 일반 컬러에 비해 펄 입자가 있어 0.2mm 노즐을 사용 시 노즐 막힘 현상이 일어날 수 있다. 이러한 점을 고려하여 펄 컬러를 사용할 때에는 노즐 사이즈 0.3mm를 권장한다. 네일 디자인의 정교한 표현은 0.1mm의 노즐 사이즈 차이보다 스텐실의 정교함이라 말할 수 있다.

■ 에어브러시 타투, 페이스 & 보디 페인팅용

에어브러시 타투, 페이스 & 보디 페인트용 물감의 경우 네일아트용보다 입자가 굵기 때문에 노즐 사이즈 0.3mm~0.5mm가 적당하다. 이보다 작은 노즐 사이즈를 사용할 경우 분사 조절이 잘 안 되며 노즐 막힘 현상이 자주 발생한다. 보다 넓은 면적의 채색을 위해 분출량이 많은 노즐의 사이즈를 선택하는 것이 효율적이다.

3. 에어브러시 청소

네일아트나 메이크업, 보디 페인팅 등 뷰티 분야에 사용하는 에어브러시는 주로 노즐의 직경이

0.2~0.3mm의 섬세한 제품이다. 그 때문에 작은 먼지나 물감의 찌꺼기로 인해 노즐이 막히면 선의 끊김이나 얼룩 현상이 나타난다. 특히 펄이나 입자가 굵은 제품을 사용한 후에는 노즐이 막힐 위험이 있으므로 컵 안쪽은 물론 건의 내부와 니들에 남아 있는 찌꺼기 등의 제거를 위해 건을 완전히 분해하여 청소하는 것이 좋다. 물감이 완전히 건조되면 청소하기가 매우 어려우므로 가능한 한 사용 후 바로 세척하는 것이 좋다.

1) 에어브러시 건 세척 및 조립

에어브러시 건을 청소하는 방법은 두 가지가 있다.

1단계는 물감의 교체 시 사용되는 간단한 청소 방법과, 2단계는 채색 작업이 끝난 후 행해지는 완전 분해 청소 방법이다. 작업하는 과정에서 여러 가지 컬러를 사용하는 경우 밝은색에서 어두운색 순으로 사용하면 물감을 교체할 때마다 세척하는 번거로움을 줄일 수 있다. 그러나 사용 중에 세척할 필요가 있을 경우에는 물이나 에탄올을 사용하여 컵 안에 남아 있는 물감이 완전히 없어질 때까지 스프레이 한다.

(1) 작업 중에 간단하게 세척하는 방법

① 에어브러시의 물감 주입구에 있는 잔여 물감을 쏟아낸 후 분사하여 제거한다.

② 물감 주입구 안에 에어브러시 클리너를 넣고 붓으로 컵 내부를 닦은 뒤 클린 팟(페인트 콜렉터)에 꽂아서 맑은 색이 나올 때까지 분사시킨다.

③ 물감 주입구 안에 에어브러시 클리너를 넣은 뒤 노즐 앞을 손으로 막고 메인 레버를 당기면 공기가 역류되어 기포가 생기면서(가글링Gargling) 노즐에 뭉쳐 있는 입자들이 빠져나온다. 이 과정을 반복해 줌으로써 에어브러시 클리너를 역류시켜 남아 있는 잔여 물감을 제거해 준다.

(2) 작업 완료 후 분해 세척하는 방법

① 물감 제거 및 기본 세척

위의 ① ~ ③번까지의 과정을 통해 세척을 해준다.

② 에어브러시 건 분해

- 니들 캡을 손으로 돌려서 분해한다.
- 노즐 캡을 손으로 돌려서 분해한다.
- 노즐을 전용 스패너를 이용하여 분해한다.
- 뒤 뚜껑을 분리한다.
- 스프링 가이드를 살짝 풀어 니들을 뽑아준다.

이때 주의할 점은 니들이 휘거나 부러지지 않도록 조심히 다루어 주어야 한다.

③ 부품과 보디 세척

분해된 니들 캡과 노즐 캡, 그리고 노즐과 니들을 에어브러시 클리너와 털이 강한 유화붓 또는 에어브러시 청소용 브러시를 이용하여 세척 및 도료 찌꺼기를 제거해 준다. 제거된 니들 구멍을 통해 가장 작은 청소 브러시를 이용하여 도료가 지나가는 통로를 깨끗하게 청소해 준다. 먼지나 섬유질 등 잔여물이 남아 있지 않도록 마른 티슈를 이용해 물기를 제거한다.

| 컵 청소 방법 |

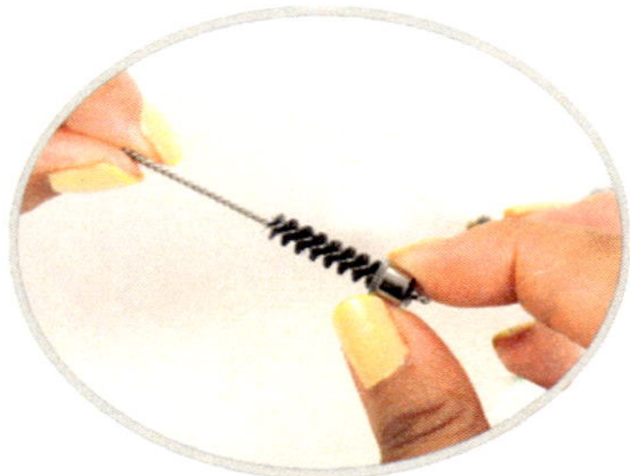

| 니들 캡 청소 방법 |

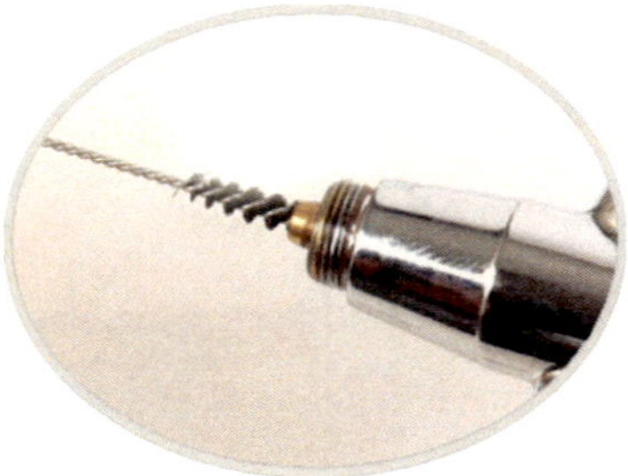

| 도료관 청소 모습 |

에어브러시 건 청소 방법

(3) 에어브러시 조립 순서

① 노즐을 끼워 넣고 전용 스패너를 이용하여 가볍게 조여 준다. 조심스럽게 조여 주다가 딸깍하는 느낌이 들면 우측으로 가볍게 한 번 더 조여 준 다음 동작을 멈춘다. 이때 주의할 점은 너무 세게 조이면 노즐이 부러지므로 적당히 조여 줘야 한다.
② 노즐 끝이 손상되지 않도록 주의하며 노즐 캡을 조립해 준다.
③ 스프링 가이드 안으로 니들을 끝까지 밀어 넣어 바늘 끝이 노즐 캡을 통과하여 살짝 보이게 한다.
④ 스프링 가이드를 조여서 니들이 움직이지 않게 한다.
⑤ 니들 캡을 조립한다.

| 노즐 분해 및 조립 |

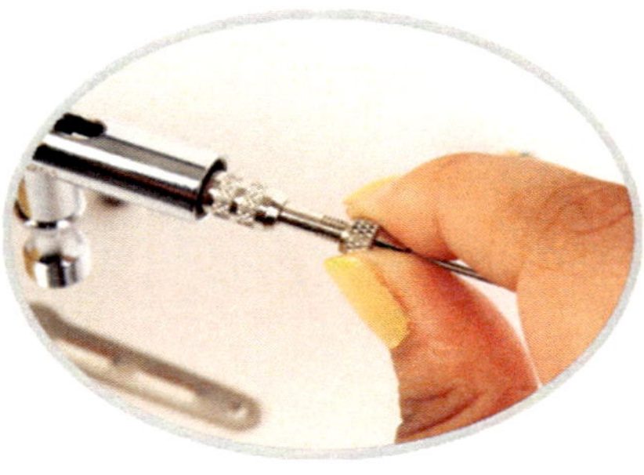

| 니들 분리 및 조립 |

노즐과 니들 분해 및 조립

02
AirBrush
에어브러시의 활용

1. 에어브러시의 활용

[작업 준비]

에어브러시 건에 물감을 넣기 전에 에어브러시와 컴프레서를 연결하여 압착 공기를 전달하는 호스를 끼워주고 공기가 나오는 상태를 반드시 테스트하도록 한다. 이 테스트는 기계의 상태뿐만 아니라 공기압을 측정하여 공기압의 감각을 익히고 작업 부위에 따라 압력 조정이 필요하기 때문이다. 또한, 에어브러시 작업을 하다 보면 물감이 공중으로 날아 흩어지거나 튀어 오르기 때문에 작업 전에 주변을 정리해 두는 것이 좋다.

1) 에어브러시 건의 조작

① 에어브러시의 메인 레버 위에 검지를 올려놓는다.

② 컬러 작업을 하기 전에 종이에 공기의 압력과 컬러의 양을 테스트한 후 작업할 대상에 분사한다.

③ 작업할 대상에 따라 일반적으로 공기의 압력은 압력게이지 2~6까지도 사용하나 피부에 사용하는 경우 살이 들어갈 정도라면 압력을 낮추어야 한다. 기종에 따라서는 안료가 피부를 관통해서 모세혈관에 도달할 정도의 고압을 발생시키는 것도 있는데, 압력의 정도를 테스트할 때는 작업면이나 모델의 신체가 아니라 작업자의 손을 이용하여 테스트하는 것이 좋다.

④ 작업 면과의 거리는 1~2cm에서 15cm 정도이며 작업 면과 가까울수록 면적은 좁고 강한 표현을 만들며 작업 면과 멀수록 색상은 약해지면서 표현 면적은 넓어진다.

⑤ 채색할 부위의 면적과 표현의 정밀도에 따라 레버를 누르고 당기는 강도가 달라진다. 세밀하고 가는 선을 표현할 때에는 공기의 양을 적게 하고 넓고 굵은 면의 브러싱에는

상대적으로 공기의 양을 많게 한다.

⑥ 작업 면의 균일한 채색 작업을 위해서는 브러시와 화면의 각도를 90° 로 유지하며 브러싱해야 한다. 이때 손목만 움직이면 화면과의 각도가 변화되어 고르게 브러싱이 되지 않는다.

⑦ 6시간 이상 작업할 때는 건의 뒷부분(핸들)을 제거하여 무게를 줄여주는 것이 좋다. 또한, 아주 섬세한 작업을 할 때에는 니들 커버를 제거하면 니들의 방향을 더 잘 볼 수 있어 좋다. 하지만 떨어뜨릴 경우 니들이 부러지거나 휠 수 있으므로 극도로 주의해야 한다.

2) 에어브러시 건을 잡는 자세

① 건의 호스를 손목에 한 번 감은 뒤 에어브러시 건을 잡아준다.

② 브러시를 잡을 때는 검지를 메인 레버 위에 가볍게 올려놓은 채로 손에 너무 힘을 주지 말고 연필을 잡듯이 가볍게 쥐는 것이 중요하다. 강하게 잡으면 장시간 작업 시 손에 피로를 느끼게 되며 예민한 작업의 경우 움직임을 저해하여 브러싱의 완성도를 떨어뜨릴 수 있다. 검지를 이용한 파지법은 공기압 조절이 용이하여 세밀한 작업에 적합하기 때문에 가장 흔히 쓰는 방법으로 기본적인 파지법이며, 장시간 작업을 하거나 넓은 면을 칠할 때는 검지만으로는 쥐가 나기 쉬우므로 엄지를 이용한 파지법을 사용하기도 한다. 다만 이 방법은 검지를 이용한 방법보다 섬세한 터치가 불가능하므로 주로 넓고 단조로운 면을 도색할 때 이용한다.

③ 물감을 넣은 뒤에는 에어브러시 건을 몸쪽으로 기울여 잡지 않아야 한다. 물감이 역류되어 건이 손상될 수 있다.

④ 물감은 컵의 2/3를 넘지 않도록 한다. 손을 움직이다 보면 물감이 넘쳐서 작업을 망칠 수 있다. 또한, 컵 뚜껑을 닫고 작업을 하면 물감이 건조되거나 넘치는 것을 막아주어 작업의 피해를 줄일 수 있다.

⑤ 작업 시에는 손목의 스냅을 이용하지 말고 어깨를 움직여 팔 전체가 움직일 수 있도록 해야 한다.

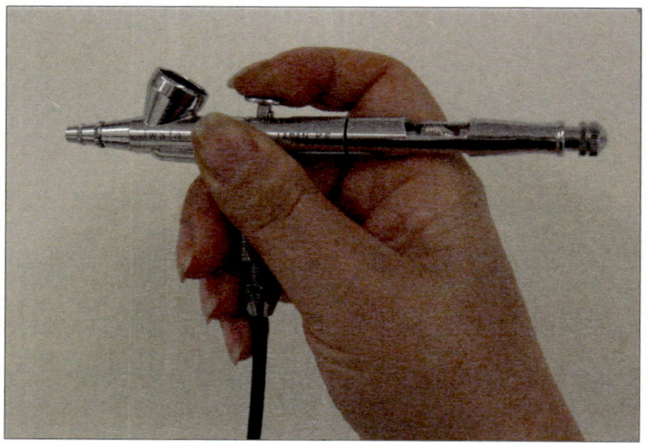

건 잡는 방법 (O)

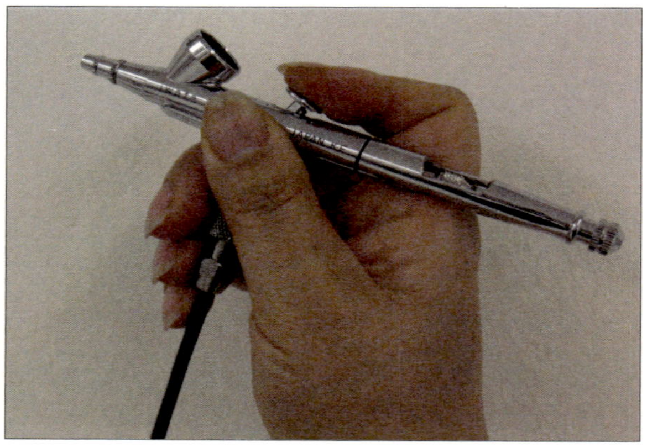

건 잡는 방법 (X)

3) 에어브러시의 표현

에어브러시는 작업 면과 에어브러시 건과의 거리, 공기압에 따라 색의 농도와 면적이 달라지며 분사 각도에 따라 표현 형태가 아주 달라지기도 한다. 따라서 분사 각도와 거리, 공기압 등의 차이에 따른 표현 특징을 바로 알아야 효과적인 작업이 가능하다.

① 에어브러시 노즐의 위치가 분사할 대상과 가까울수록 컬러는 진하고 분사 면은 좁다
② 에어브러시 노즐의 위치가 분사할 대상과 멀수록 컬러는 흐리고 분사 면은 넓다.
③ 에어브러시의 메인 레버를 뒤로 많이 당길수록 분사되는 물감의 양이 많아지고 공기압도 높아진다.

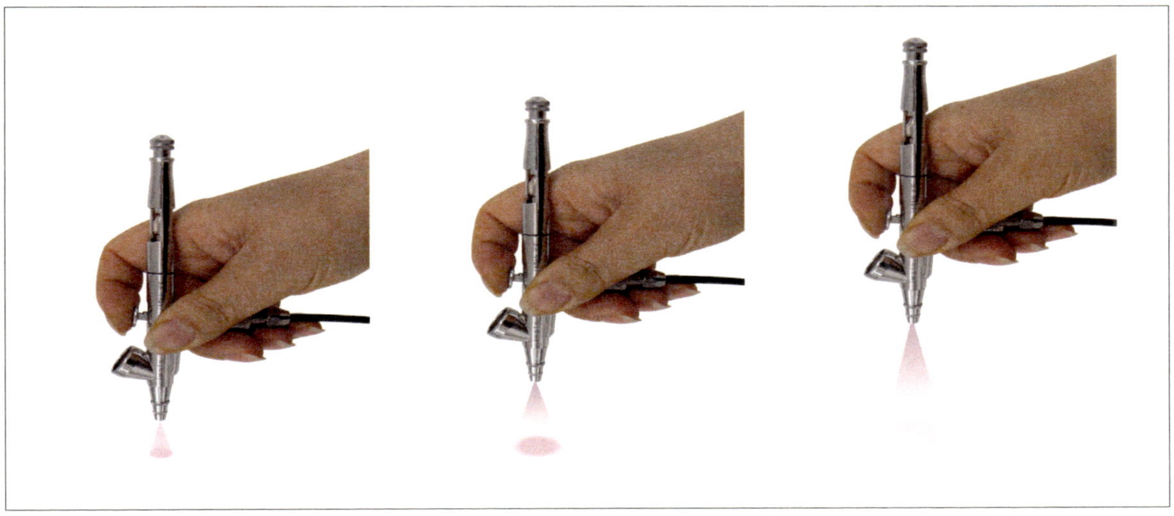

2. 기초적인 연습

처음 작업 시에는 실제 작업 대상 대신 적당한 두께의 도화지나 패턴 북에 충분한 연습을 한 후 하도록 한다. 종이를 책상 위에 놓고 작업할 수도 있지만, 뷰티 분야에서는 주로 인체에 작업을 하기 때문에 종이를 이젤(easel)에 놓고 두 발을 어깨 넓이로 벌리고 서서 어깨 전체를 사용하며 훈련하는 것이 좋다. 연습 시에는 블랙(Black)이나 다크 블루(Dark Blue) 등의 짙은 잉크를 사용하여 연습하는 것이 좋은데 이는 분사량과 얼룩의 정도 등을 쉽게 파악할 수 있기 때문이다.

에어브러시로 채색하는데 가장 기본이 되는 것은 '가장 근접하게 그리고 살살 약하게'이다. 일반적으로 초보자들이 가장 많이 하는 실수로는 한 번에 많은 양의 물감을 쫙 뿌리는 것이다. 이럴 경우 도료가 한 곳에 몰려 피막이 두꺼워지거나 얼룩이 지게 된다. 절대 한 번에 다 칠하려 하지 말고 여러 번으로 나누어 얇게 칠해 나가도록 해야 한다. 에어브러시를 지면에서 약 10cm 이상 거리를 두고 잡고 에어브러시와 지면 사이의 거리를 일정하게 유지하면서 같은 속도로 몇 차례 움직여 보는 것이 좋다. 컵이 위에 달려있는

형태의 에어브러시를 사용할 때는 손을 수평으로 유지하지 않으면 잉크가 쏟아지게 되므로 각도를 잘 유지해야 한다.

1) 대거 스트로크(Dagger stroke)

에어브러시 페인팅에서 아티스트들은 대거 스트로크(Dagger stroke)를 주로 사용하는데, 이 테크닉은 섬세한 표현을 할 때 매우 유용하다. 눈썹모양은 양쪽 끝이 가늘고 뾰족한 꼬리를 가지고 있기 때문에 대거 효과와 유사하다. 대거 스트로크는 진자운동을 하듯이 한 방향으로 스트로크를 주면서 대거 형태를 만들어 주고 다음에는 왔던 자취를 반대 방향으로 되짚어 스트로크(stroke)를 주면 된다. 에어브러시를 매우 부드럽게 움직이면서, 포인트와 끝 부분을 유지하고 마무리할 때에는 노즐을 표면에서 띄우면서 멀리 가져가도록 한다. 이 테크닉은 입술, 아이섀도, 볼 터치, 일러스트에서 머리카락 등과 같이 끝이 가늘고 자연스러운 느낌을 표현하기에 매우 적합하므로 자연스럽게 표현될 때까지 연습해 보는 것이 좋다.

(1) 점(Dots)

에어브러시 작업 시 물감의 뭉침이나 얼룩이 없이 매끄럽게 작업하기 위해서는 작업 면을 이동할 때에 늘 공기가 나오는 상태로 이동하는 것이 좋다. 분사 거리와 분사량에 따라 점의 크기가 달라지므로 원하는 크기에 따라 분사 거리와 분사량을 조절하며 연습한다.

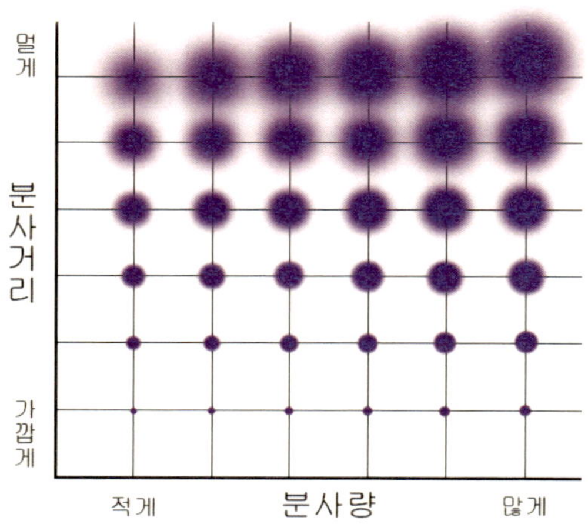

점 연습

선 연습

(2) 선 긋기

가장 기본이 되는 기술이다. 손목의 힘과 메인 레버의 강약을 통해 가늘고 고른 선 긋기를 연습한다.

가까이 했을 때와 멀리서 분사할 때의 차이를 느낄 수 있다. 자연스러운 선을 긋기 위해서는 에어브러시를 쥔 손을 움직인 후에 물감을 분사하고 움직임을 멈추기 전에 레버에서 떼는 것이 중요하다. 즉 손을 움직이는 동안에 물감을 분사하고 멈추는 동작을 해야 한다는 것이다. 멈출 때에는 레버에서 손을 갑자기 떼지 말고 서서히 늦추어 주며 떼는 것이 좋다. 그렇지 않으면 컴프레서에서 공기가 멈추었을 때 잉크가 조금 남아서 다음 선을 긋기 시작할 때에 여분의 잉크가 튀어나오는 원인이 된다. 자신에게 적합한 밸런스를 습득할 때까지 압력을 조정해서 실험해 보는 것이 좋다.

아주 가는 선을 그릴 때에는 에어브러시를 지면에 가까이 대고 앞에서의 선을 그릴 때와 같이 하되 처음엔 7~8cm 다음엔 5cm의 거리에서 작업한다. 화면이 가깝기 때문에 컴프레서의 압력을 낮추거나 빨리 움직여서 뿜어야 한다. 극단적으로 가는 선을 그리려면 지면과 최대한 근접한 거리에서 작업을 하는 것이 좋다.

▪ **선 긋기 방법**

첫째, 자신의 몸으로부터 점차 거리를 멀리한다.

둘째, 수평으로 점차 속도를 빨리한다.

(3) 프리 핸드 연습 - 루프(loop)

에어브러시를 이용해 자유로운 곡선을 그려보는 연습이다. 손목의 감을 익히는 연습으로 흔들림 없이 고른선을 그릴 수 있을 때까지 연습해 본다. 선의 굵기나 루프의 크기를 일정하게 하고 위에서 아래 방향을 향해 하나로 이어진 루프 모양을 연습해 본다.

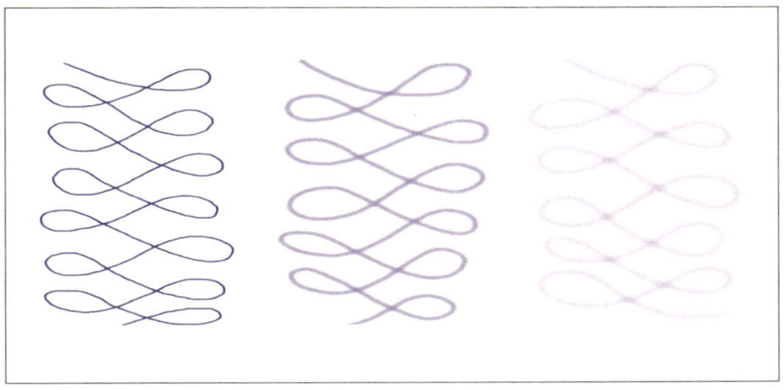

굵은 선과 가는 선을 사용하여 무늬 전체를 균일하게 표현할 수 있을 때까지 연습해야 한다. 요령을 잘 익혔다면 여유 공간을 확보한 상태에서 자신의 이름을 사인해 보는 것도 좋다. 작업을 할 때는 손목만을 사용하지 말고 팔 전체를 움직이며 작업해야 한다.

(4) 원(Circles) / 입체구 연습

본격적인 에어브러싱 기법이다. 에어브러싱의 특기인 명암 차를 이용한 그러데이션 효과로 입체감을 연습하는데 좋다.

■ **입체 구 마스킹 방법 (26p 마스킹 관련 내용 참조)**

- 약간 두껍고 표면이 매끄러운 종이를 준비한다.
- 연필을 이용해 가늘고 연하게 원을 그린다.
- 원형과 원 바깥 부분에 여유분을 두어 마스킹 테이프를 붙인다.
- 컴퍼스 커터를 원의 크기에 맞추어 준 뒤 커팅한다.
- 원형 안의 테이프를 떼어내고 채색한다.
- 마스킹 테이프가 없다면 넓은 스카치테이프를 손등에 접착하여 접착력을 떨어뜨린 뒤 사용하거나 두꺼운 종이에 구멍을 내어 마스킹 도구로 사용할 수 있다. 그러나 종이를 마스킹 도구로 이용할 경우 종이 틈으로 물감이 새어 나가지 않도록 경계 부분을 완전히 밀착시키는 것이 중요하다.

서클 그리기	원의 굵기나 크기를 일정하게 하고 형태가 반듯한 원형 고리 모양을 연습해 본다. 공기가 분사되는 상태에서 손을 움직인 다음 서서히 물감이 분사되게 하고 선이 만나는 부분에서는 물감 분사량을 서서히 조절하여 농도와 굵기가 일정하도록 조절해야 한다.	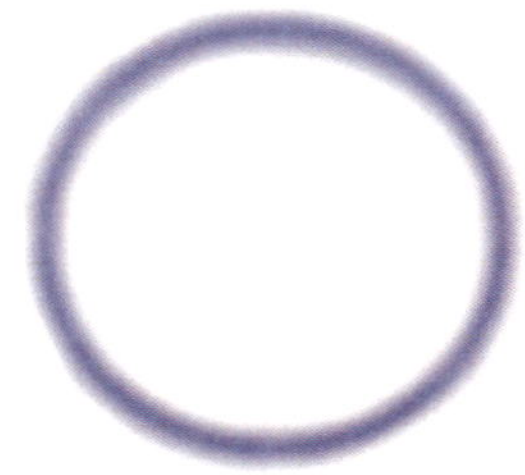
간단한 구형	마스킹 테이프를 이용하여 마스킹 해주거나 중앙에 원형의 구멍을 뚫은 두꺼운 종이의 마스크를 준비한다. 우선 위 끝에 가까운 부분에 하이라이트 원을 남기고 밑에서 위로 돌려가며 채색을 한다. 다음에 좀 더 연한 컬러로 색을 교체한 뒤 처음에 남긴 하이라이트 원보다도 큰 원을 남기면서 채색을 해준다. 채색을 마치고 마스킹을 떼어내면 매우 깔끔한 구형이 나타날 것이다.	
복잡한 구형	백색에 가까운 연한 색의 잉크를 이용하여 원 전체에 가볍고 균일하게 채색한다. 그 다음 진한 색의 잉크를 사용하여 마스킹의 끝을 따라 선을 긋고 마스킹 안쪽에도 약간의 선이 보일 수 있도록 채색한다. 다시 상부에 하이라이트 원을 남기고 균일하게 채색한다. 여기서 잉크 색을 바꾸어 프리 핸드로 아래쪽의 초승달을 원주에 따르는 것 같은 형으로 그린다. 마지막으로 마스킹의 끝 부분에 가까운 곳에 원을 그리는데 이번에는 위와 밑은 짙게, 중간 부분은 약간만 남겨 놓도록 한다. 채색을 마치면 마스킹을 떼어 준다.	
물방울 표현	바닷속의 공기방울 등과 같은 표현들을 할 때 주로 사용하는 방법이다. 스텐실 또는 마스킹 필름을 이용하여 채색될 부분만을 남겨준 뒤 푸른색을 이용하여 공기방울에 바닷물이 투영된 느낌을 표현한다. 해저면에 닿는 부위는 블랙을 이용하여 어둡게 처리하고 반사되는 윗부분과 구가 휘는 부분에 흰색을 이용하여 반사 빛을 표현해 준다.	

(5) 면 채색하기 (Base Coat/Shading - Over lapping)

에어브러시를 지면에서 약 20cm 정도 떨어뜨린 거리에서 왼쪽에서 오른쪽, 오른쪽에서 왼쪽으로 움직이며 물감을 분사하면서 아래쪽으로 이동하며 채색해 나간다. 물감을 분사하는 동안 손은 멈추지 않아야 색이 얼룩지지 않고 농도가 균일하게 채색될 수 있다. 일반적으로 방향을 바꾸게 되어 교차되는 부분은 잠시 정지하게 되는데, 이때 그 부분이 더 진하게 칠해지지 않도록 주의해야 한다.

■ **면 그러데이션**

면을 채색하는 방법과 같지만 색을 연하게 칠하고자 하는 방향으로 갈수록 레버에 가해지는 힘을 약하게 하여 공기의 압력과 물감의 분사량을 줄여 색이 점점 연하게 표현될 수 있도록 하면 된다. 얼룩이 지지 않도록 레버에 가하는 힘이 서서히 줄여질 수 있도록 훈련해야 한다.

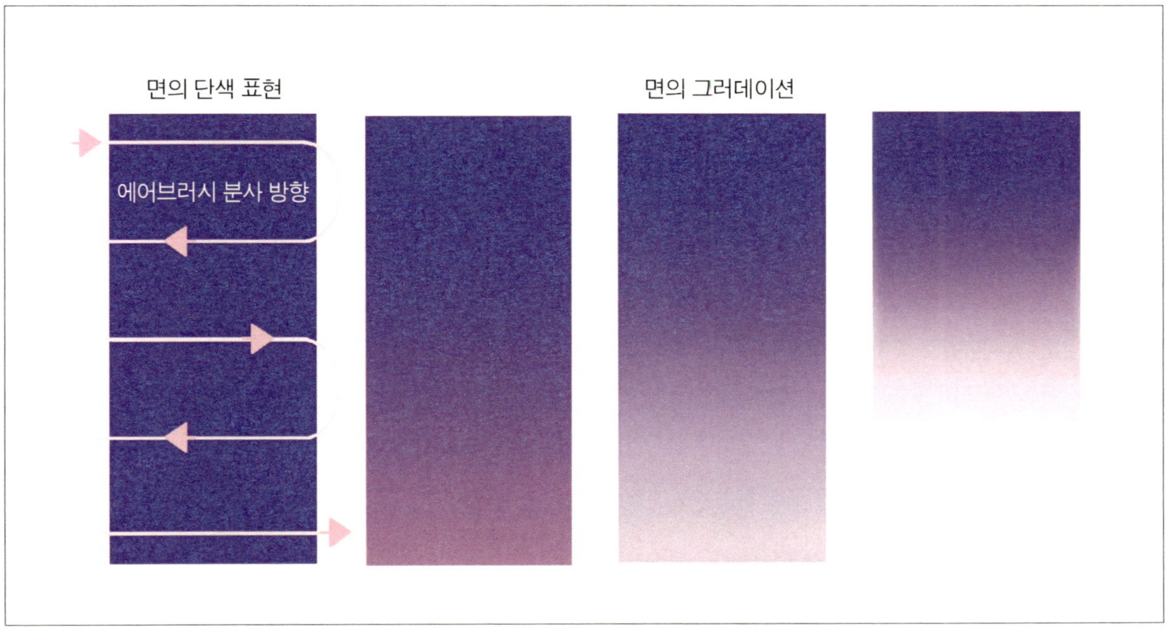

(6) 도형 채색하기

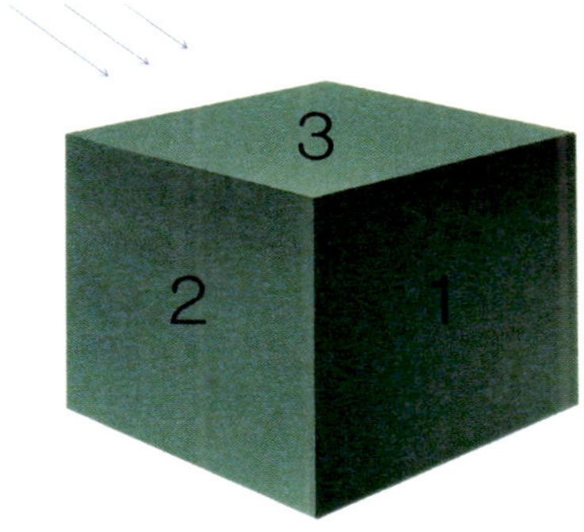

연필을 이용해 도형의 외곽선을 연하게 그린 후 도형과 도형 옆의 여백까지 마스킹 필름으로 표면을 덮어준다. 스텐실 재단 칼을 이용하여 1, 2, 3 각 면을 구분하여 필름을 잘라준다. 빛의 방향이 좌측 상단에서 우측 방향으로 향하기 때문에 1면이 가장 어둡고, 그다음 2면, 3면이 가장 밝으며 각 면에 따라서는 1, 2면은 상단 좌측이, 3면은 중앙 위쪽에 약간의 음영이 지게 표현하면 된다. 따라서 채색할 때는 1면 부분의 필름을 가장 먼저 벗겨낸 후 채색하고, 2면을 채색할 때 1면에도 물감이 분사되는 것을 고려하여 원하는 농도에 미치지 못한 단계에서 2면의 필름을 벗겨내어 채색한다. 전자와 같은 이치로 2면 또한 원하는 농도에 미치지 못한 단계에서 3면의 필름을 벗겨낸 후 분사한다. 작업이 완성된 후 마스킹 필름을 벗겨내면 외곽선이 깔끔하게 완성된 입방체를 확인할 수 있다.

2) 에어브러시 분사의 실패 사례 분석

에어브러시 작업 도중 기계적 결함이나 사용자의 기술적 미숙함 등으로 인해 원하는 결과를 얻지 못하고 실패하는 사례가 발생한다. 이때 나타나는 증상에 따라 원인이 무엇인지 파악하고 이에 따른 조처를 함으로써 원하는 결과를 얻어낼 수 있다.

에어브러시 분사의 실패 사례 및 원인

사례	원인	해결 방법
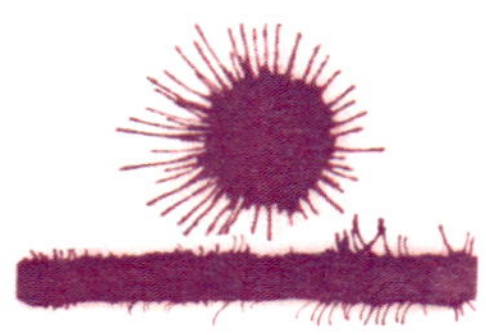	화면과의 거리나 필요 이상으로 공기압이 센 경우	레버를 당기는 힘을 낮추거나 공기압을 줄인다.
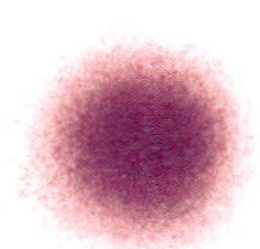	공기압이 약한 경우	레버를 뒤로 더 당기거나 공기압을 높인다.
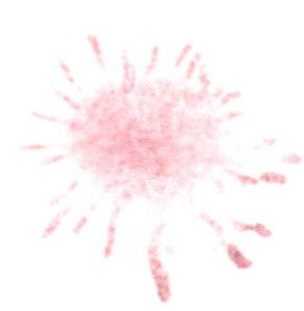	물감에 수분이 함유되어 분사된 경우	도료 컵 안의 물감을 제거하고 물감을 다시 투입하여 작업한다.
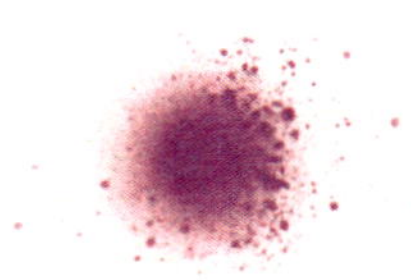	니들 캡에 물감이 묻어 있는 경우	니들 캡을 닦아준 뒤 사용한다.
	노즐이 막혔을 경우	• 니들을 노즐에 정확히 고정하고 클리너와 브러시로 청소해 준다. • 노즐에 머리카락이나 먼지가 막혀 있을 수 있으므로 떼어내고 클리닝 한다.
	레버를 누르는 힘이 일정하지 않거나 니들의 상태가 좋지 않은 경우	• 물감을 고르게 분사할 수 있도록 레버 조작을 훈련한다. • 니들이 휘지 않았는지 확인하고 교체한다.

트러블 원인 및 해결 방법

사례	원인	해결 방법
1. 물감이 나오지 않고 컵에 거품이 나오 는 경우	• 노즐과 노즐 캡이 정확히 맞지 않은 경우 • 노즐 캡이 느슨해진 경우 • 노즐이 막힌 경우	• 어느 한쪽(혹은 양쪽모두)을 바꾼다. • 노즐 캡을 조여 준다. • 노즐을 청소해 준다.
2. 기울여 뿜었을 때 스패터링(Spattering) 되는 경우	니들이 휘어있거나 노즐이 갈라져 있다.	교환한다.
3. 스트로크 처음 부분에 스패터링이 생기는 경우	• 앞 스트로크의 끝에서 레버를 너무 빨리 놓았기 때문에 물감이 막혀 있다. • 노즐 캡에 물감이 막혀 있다. • 노즐이 머리카락이나 먼지로 막혀 있다.	• 레버를 천천히 놓도록 한다. • 니들을 노즐에 정확히 넣고 붓과 클리너로 클리닝 한다. • 이물질을 떼어내고 클리닝 한다.
4. 스트로크 마지막 부분에 스패터링이 생기는 경우	공기 흐름에 불순물이 섞여 있던가 수분이 많다.	노즐을 떼고 공기를 통해 본다. 공기 공급 계통의 필터를 체크 한다.
5. 공기가 나오지 않는 경우	• 컴프레서가 어떠한 원인으로 멈추어 있다. • 통의 가스압이 낮아져서 차가워져 있다.	• 컴프레서를 체크한다. • 통을 미지근한 물속에 넣거나 새로운 것으로 바꾼다.
6. 레버를 되돌려도 노즐에서 공기가 새는 경우	밸브의 스프링 조정이 적당치 않다.	다시 조정하거나 필요 시 교환 한다.
7. 고압으로 하면 공기가 새는 경우	• 컴프레서의 압력 세팅이 너무 높다 • 통에서 가스가 너무 나온다.	• 압력의 조정을 낮춘다. • 압력이 좋게 될 때까지 뿜어내게 한다.
8. 물감이 새는 경우	• 물감 용기의 결합부가 느슨해져 있다. • 사용하지 않았을 때 니들이 뒤로 너무 당기어 있다. • 노즐 스톱이 벗겨져 있거나 망가져 있다.	• 물감 용기를 다시 부착시킨다. • 사용 후 위치를 앞으로 한다. • 교체한다.
9. 사용 중에 노즐에서 물감이 흘러내리는 경우	• 노즐 캡이 느슨하다. • 물감이 노즐에 들어가서 드립이 생겨나고 있다.	• 노즐 캡을 조인다. • 에어브러시를 수평으로 잡고 물감을 많이 넣지 않도록 한다.
10. 레버를 눌렀을 때 되돌아오지 않는 경우	밸브 스프링의 탄력성이 없어져 있다.	스프링을 늘리거나 조여준 뒤 가급적 빨리 교환하여 사용한다.
11. 매끄럽게 분사되지 않고 끊김 현상이 나타나는 경우	• 컴프레서가 작고 탱크가 없기 때문이다. • 노즐 워셔가 마모되어 있다. • 노즐 캡 또는 노즐의 위치가 적당치 않다.	• 탱크를 준비한다. • 노즐 워셔를 교체한다. • 체크하고 조정한다.

3) 마스킹 및 스텐실 제작

(1) 마스킹(Masking)

에어브러시는 아무리 세밀하게 손놀림을 하더라도 기본적으로 스프레이하는 방식이므로 원하지 않는 곳에 물감이 묻는 경우가 있다. 이런 경우를 막기 위해 색이 묻지 않아야 할 부분을 덮는 작업이 필요한데 이것을 '마스킹(Masking)' 이라 한다. 즉 마스킹(Masking)이란 '에어브러시에서 작업할 표면이나 대상에 종이나 필름 등을 이용하여 채색을 원하지 않는 부위를 가려줌으로써 물감이 칠해지지 않도록 하거나 약하게 표현되도록 하는 것' 을 말한다. 예를 들어 두꺼운 종이를 물감이 분사되는 방향에 갖다 대면 이것도 마스킹이 된다. 만약 종이의 모서리를 또렷하게 표현하고 싶다면 표면에 밀착시켜 물감을 분사하면 종이 모서리가 또렷하게 표현되고 종이로 가려진 부분은 물감이 전혀 묻지 않게 된다. 반면 종잇조각을 표면으로부터 띄운 후 물감을 분사하면 모서리 부분은 물론 종이 밑 부분까지 물감이 자연스럽게 들어가서 조각은 유연한 모양으로 표현된다.

마스킹 작업에 따라 섬세한 에어브러싱의 터치가 가능해지며 부분적으로 이용하면 특유의 독창적인 마킹 등의 작업도 가능한데 이것을 '스텐실(Stencil)' 이라 한다. 마스킹 필름이나 스텐실을 제작하는 과정은 에어브러시 작업에서 시간적 요소를 무시할 수 없는 제작 과정으로 상당한 기술력을 필요로 한다. 마스킹과 스텐실로 문양을 정하고 에어브러시의 조작으로 색채와 질감이 표현되기 때문이다. 마스킹의 기본은 물감이 새지 않도록 완전 밀착시키는 것이며, 마스킹 작업을 할 때 주의할 사항은 밑의 물감이 완전히 마른 후에 작업해야 한다는 것이다. 충분히 마르지 않은 상태에서는 작업한 부분의 훼손이 일어날 수 있기 때문이다. 또한, 용지에 따라서는 마스킹 필름을 붙인 상태로 오래 방치해 두면 종이 표면이 벗겨지는 일이 있으므로 주의해야 한다.

■ **마스킹 요령**

- 좁은 면적을 먼저 칠한 뒤 마스킹해주는 것이 큰 부분을 마스킹하는 것보다 효과적이다.
- 밝은 색은 먼저 칠하고 마스킹해둔다.
- 큰 형태는 마스킹 테이프를 그대로 잘라 붙여도 되지만, 굴곡진 부분 등은 부분적으로 나누어 마스킹해준다.
- 마스킹 테이프는 전용 저점성 테이프가 좋지만, 일반 테이프 등을 사용할 때는 손등 등에 여러 번 붙여다 떼어 점도를 낮춘 후 사용하여야 떼어낼 때 색이 벗겨지는 현상을 막을 수 있다.

① 마스킹 액

고무와 암모니아의 용액으로 눈으로 보기 쉽도록 착색되어 있는 것도 있다. 원하는 부위에 칠하면 암모니아는 증발하고 남은 고무는 커트해서 벗기도록 되어 있다. 그러나 마스킹 액은 지지 면이나 물감에 따라서는 적당치 않을 때가 있다. 종이 종류에 따라서는 마스킹 액의 염료를 흡수하는 경우도 있고 마스크를 벗길 때 그림의 일부가 벗겨지는 경우도 있다. 마스킹 액이 제일 적합한 것은 지면이 비흡수질로 되어 있는 일러스트의 수정이나 모형 마네킹 작업 시에 가능하다.

② 마스킹 필름

마스킹 필름은 작업 표면에서 벗길 때에 작업 표면의 일부가 함께 벗겨지지 않을 정도의 약한 점착성의 필름이 기본이 된다. 작업 표면이 평평하고 매끈하면 에어브러시용 마스킹 필름과 같이 점착성이 약한 것이 좋다. 마스킹 필름 대신 마스킹 테이프나 종이 등을 이용할 수 있으나 불투명한 소재는 마스크의 밑이 보이지 않아 채색한 부분과 채색을 할 부분의 비교 검토를 할 수 없다는 단점이 있다.

마스킹 필름과 재단 칼

(2) 스텐실(stencil) 제작

스텐실(stencil)은 판지나 필름지에 새겨 놓은 문양의 뚫린 구멍들을 통해 장식하려는 표면에 물감으로 채색하여 도안을 복사하는 것을 말한다. 에어브러시의 경우 대부분 프리 핸드로 작업이 가능하나 마스킹이나 스텐실을 사용하면 더욱 편리하고 정확하게 원하는 작업을 할 수 있다. 실제 에어브러시에 의한 제작 과정의 90% 정도는 최대한 효과를 끌어올리고 시간을 절약할 수 있기 때문에 마스킹과 스텐실을 사용하고 있다. 대부분 일러스트와 같이 평면 작업에는 필름이나 마스킹 용액을 이용한 마스킹을 이용하는 것이 효과적이나, 신체에 입체 작업을 할 경우에는 스텐실을 이용하는 것이 효과적이다.

스텐실로 이용할 수 있는 소재로는 물감이 스며들지 않는 두꺼운 종이나 강화 폴리에스테르 필름 등이 이용된다. 강화 폴리에스테르 필름으로 만들어진 스텐실은 반영구적으로 사용이 가능하고 네일 에나멜 등이 묻어 아세톤에 담가두어 청소해도 스텐실이 녹거나 얇아지는 일이 없다. 또한, 시판되고 있는 전문가용 스텐실은 레이저로 커팅 되어 사람이 재단할 수 없는 아주 정교한 형태까지 표현되어 있어 매우 복잡하고 어려운 형태도 표현해 낼 수 있다. 마스킹 필름이나 스텐실을 제작하는 과정에서 문양을 잘 오려내기 위해서는 커팅 기술과 칼날이 매우 중요하다. 세밀한 부분을 커트했을 때 단번에 잘라지지 않거나 필름이 찢어진다면 칼날을 새로 교체해야만 한다. 커팅 된 곳이 정확하고 깔끔해야 채색 시 문양이 원하는 대로 깔끔하게 표현되기 때문이다. 마스킹을 위해 필름지를 커팅 할 때에는 작업할 그림의 표면은 자르지 않으면서도 필름을 벗길 때 잘리지 않은 부분이 남아 있지 않도록 적당한 깊이로 깔끔하게 자르는 것이 매우 중요하다. 또한, 칼날이 좌우로 기울어 있지 않고 칼날과 자르고자 하는 표면이 직각이 되도록 하여 잘라내야 마스킹 필름의 단면이 경사지지 않고 반듯하여 채색할 때 물감이 새어나가지 않는다. 또한, 원형을 오려낼 때는 콤파스 커터를 이용해 원하는 크기를 조정하여 오려내면 편리하다.

스텐실과 커팅 도구

3. 스텐실을 이용한 아트

1) 명암차 채색법

밝은 곳은 밝게 어두운 곳은 더 어둡게

도드라진 양각(볼록하게 올라온 각) 부분에 밝은 색을 칠해 줌으로써 입체감을 살려주는 기법이다. 기본색 채색 후 기본색과 흰색 또는 명도가 다른 컬러를 조색해서 모서리 같은 양각 부분에 뿌려 주거나 기본색+어두운색 등을 조색해 음영진 곳에 뿌려주어 기본적인 입체감을 살려준다. 예시된 리본의 그림은 블랙과 흰색을 이용해 밝은 곳은 밝게 어두운 곳은 더 어둡게 표현함으로써 입체감을 살려주고 있다. 예시된 구와 하트 그림은 하얀 종이에 블랙 잉크만으로 표현한 것으로 명암을 넣는 위치에 따라서 입체감이 달라지는 것을 확인할 수 있다.

리본

구의 평면과 입체 표현

곡선의 평면과 입체 표현

하트의 평면과 입체 표현

2) 명암 차 채색법과 응용

어두운 배경 + 밝은 곳은 밝게 어두운 곳은 더 어둡게

역시 기본은 '어두운 곳은 어둡게 밝은 곳은 밝게' 라는 기본 룰을 따르지만 약간 응용을 두어 어두운색 위의 밝은색은 더 잘 보인다는 기본 원리를 이용한 방법이다. 즉 모서리부분을 밝게 강조하는 명암 차 채색법의 기본 원리를 따르되, 그 전에 검정이나 블루 등 진한 색을 기본색으로 깔고 점차 밝은색으로 명도를 주어 채색함으로써 자칫 밋밋해 보일 수 있는 면과 모서리의 명암을 더욱더 살려주어 중후한 느낌을 주게 하는 채색 방법을 이용할 수 있다.

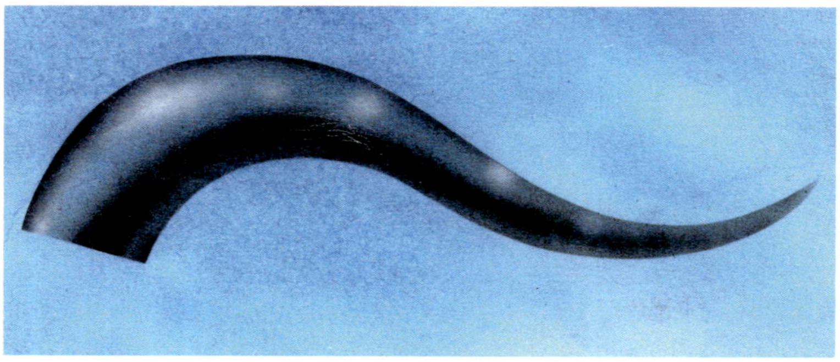

3) 에어브러시를 이용한 인물 일러스트

표면이 매끈한 두꺼운 재질의 종이에 연필을 이용해 도안을 그려준 뒤 마스킹 필름을 이용해 도안 전체를 마스킹 해준다. 색과 문양별로 각기 다르게 표현할 영역을 구분해 준 뒤 필름에 칼집을 넣어주고(종이까지 칼집이 나지 않도록 주의) 앞에서 거론한 마스킹 요령을 참고하여 채색해준다. 채색을 위해 벗겨두었던 필름은 채색 후 물감이 마르면 다시 마스킹 하여 다른 영역을 채색할 때 물감이 튀지 않도록 막아준다. 아래의 그림은 이와 같은 방법을 사용하여 완성한 인물 일러스트로 완성 후에 속눈썹과 큐빅, 글리터 젤을 이용해 입체감을 살려 주었다.

03 AirBrush

에어브러시 기초 연습

1. 점, 선 연습

1) 점 연습

점 연습

2) 가는 선 연습

에어브러시를 화면에 가까이하고 처음엔 7~8cm 다음엔 5cm의 거리에서 분사한다. 작업 면과의 거리가 가까우므로 컴프레서의 압력을 내리거나 빨리 움직여서 분사하지 않으면 안 되며 극단으로 가는 선을 표현하려면 에어브러시를 작업 면에 닿을 듯하게 접근시켜 작업한다.

가는 선 연습

3) 중간 굵기 선 연습

중간 굵기 선 연습

4) 굵은 선 연습

굵은 선 연습

2. 곡선 연습 - 루프(loop)

가는 루프	중간 루프	굵은 루프

곡선 연습 - 루프(loop)

가는 루프	중간 루프	굵은 루프

3. 서클 연습

서클 연습

4. 면 연습

면 연습

5. 면 그러데이션 연습

면 그러데이션 연습

6. 도형 연습

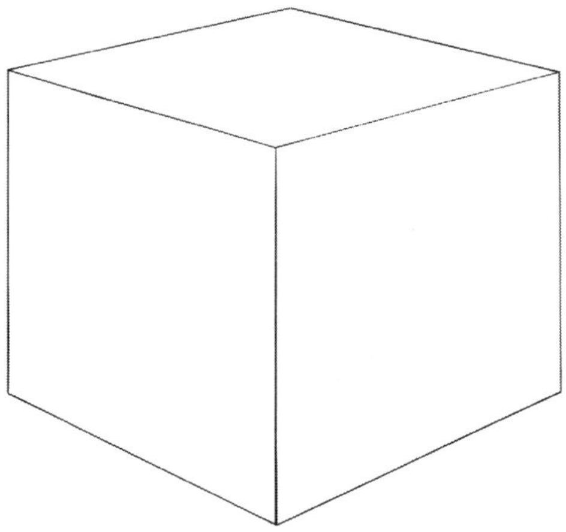

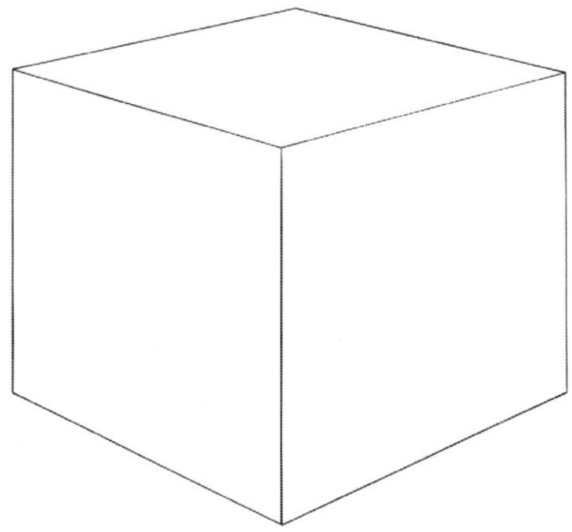

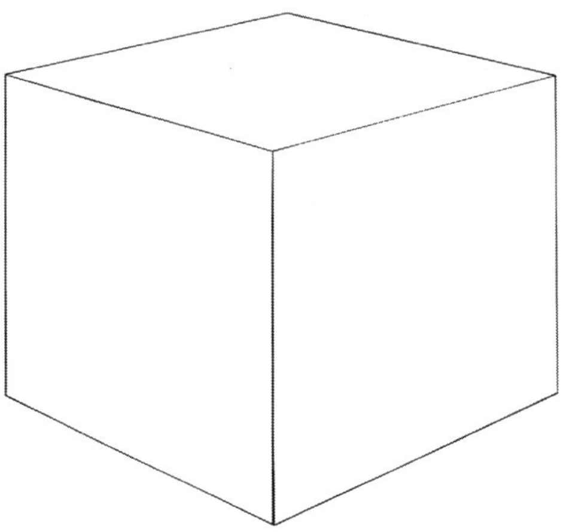

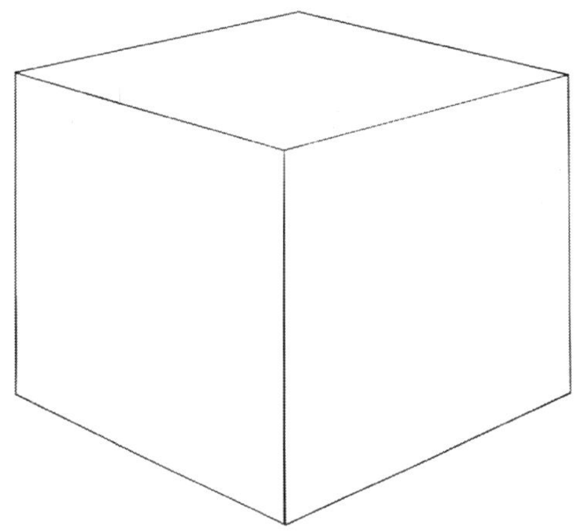

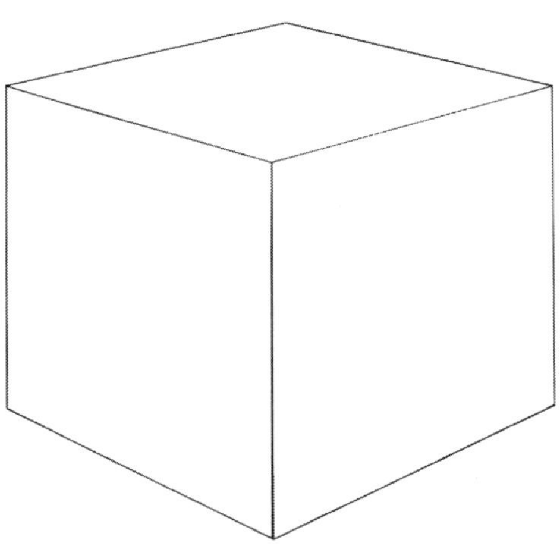

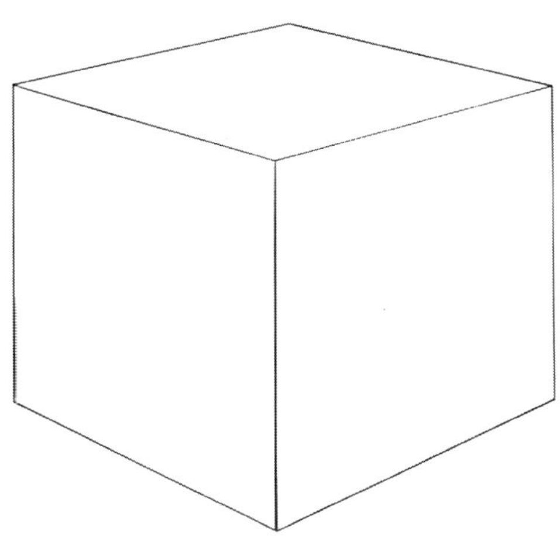

도형 연습

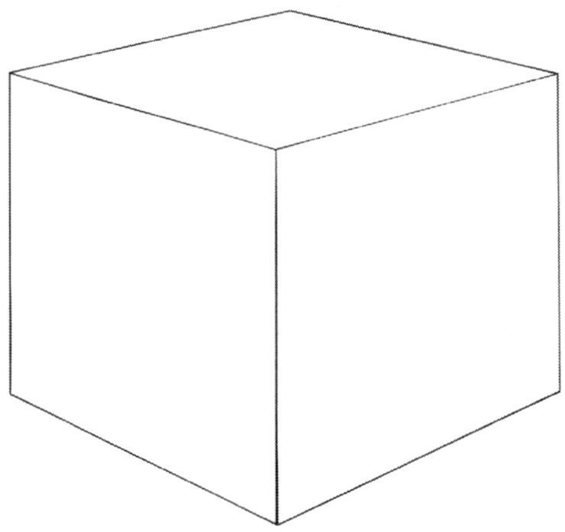

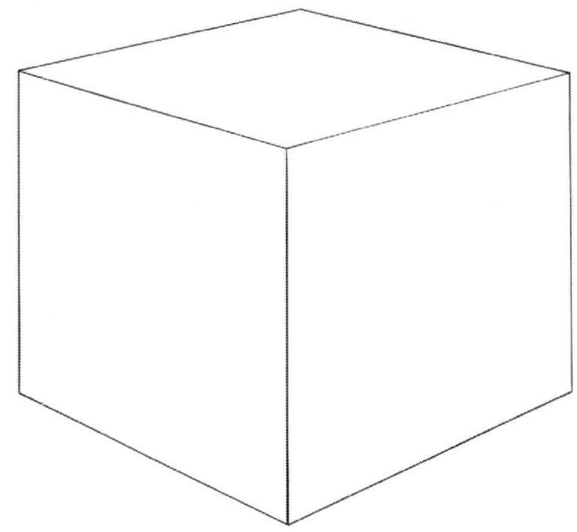

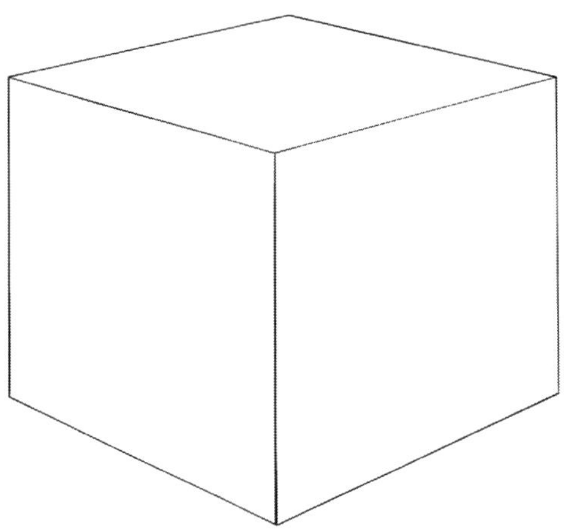

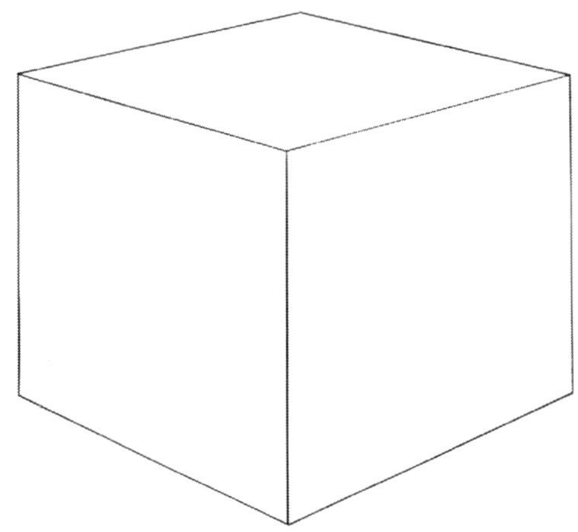

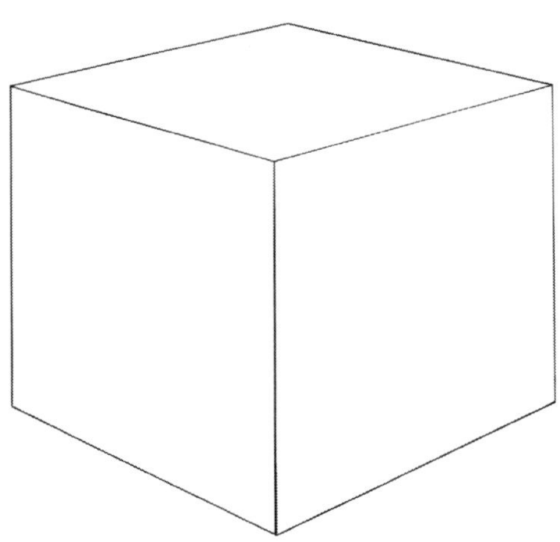

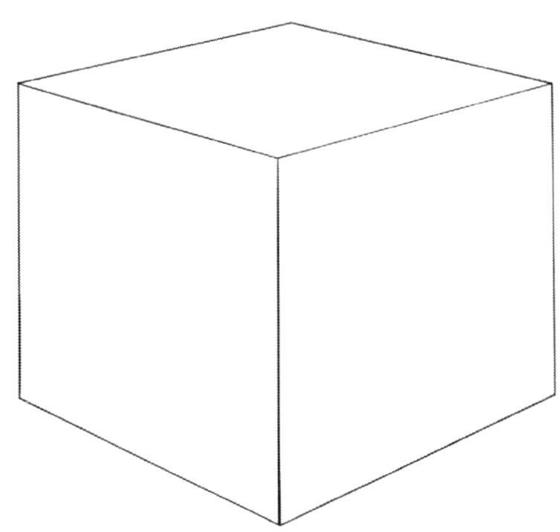

7. 입체구 연습

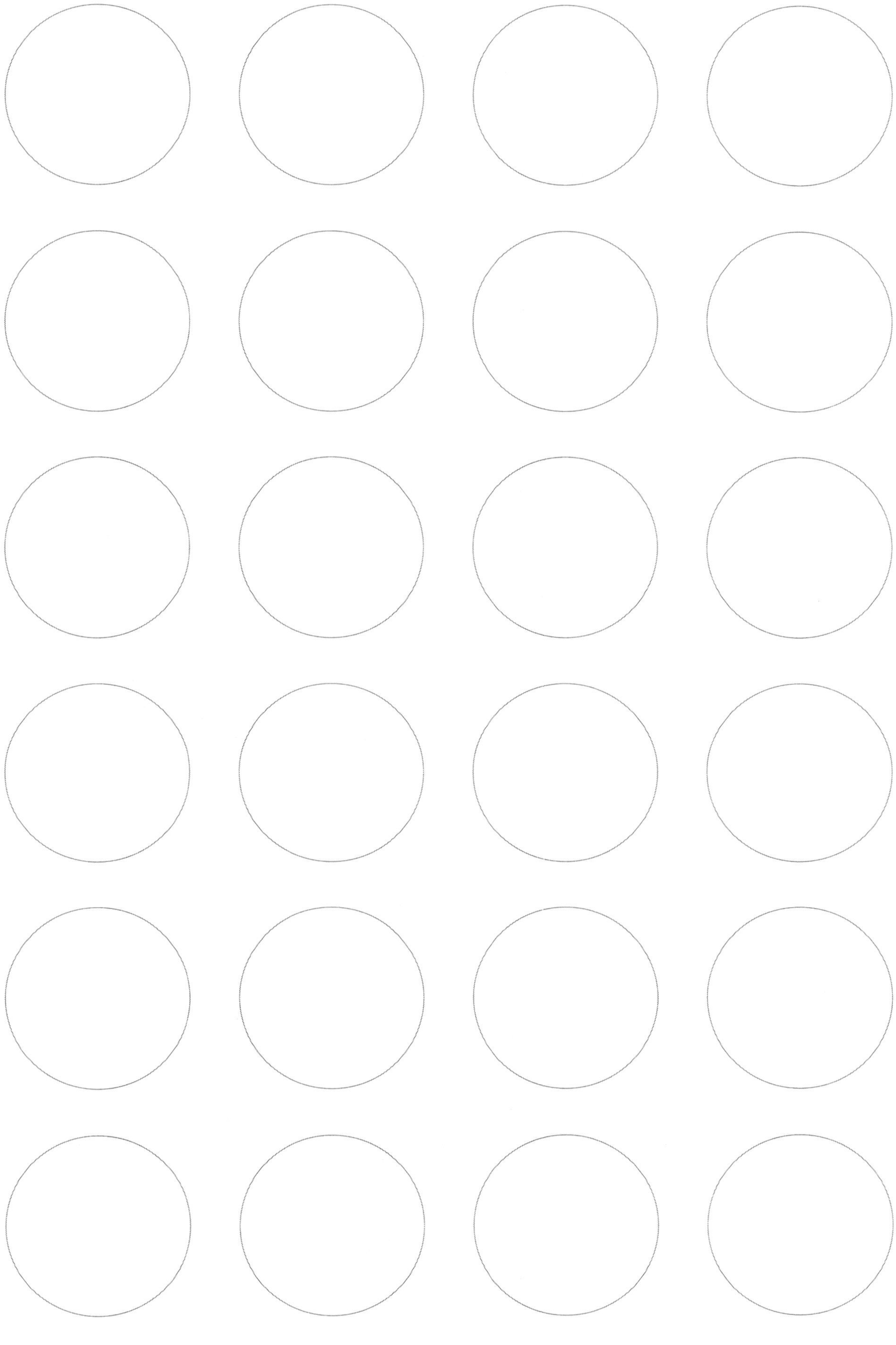

입체구 연습

8. 아이브로우 & 아이섀도

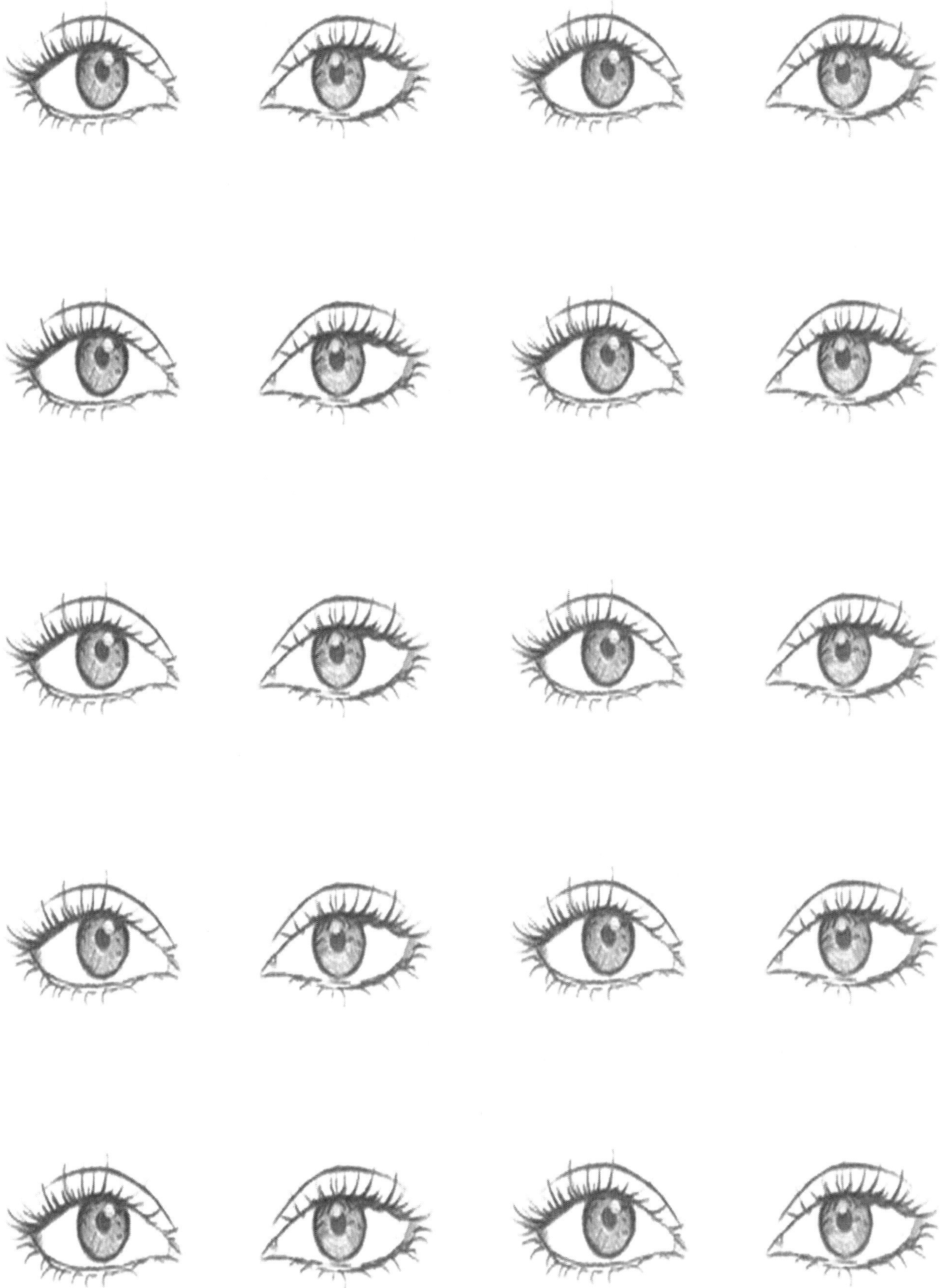

아이브로우 & 아이섀도

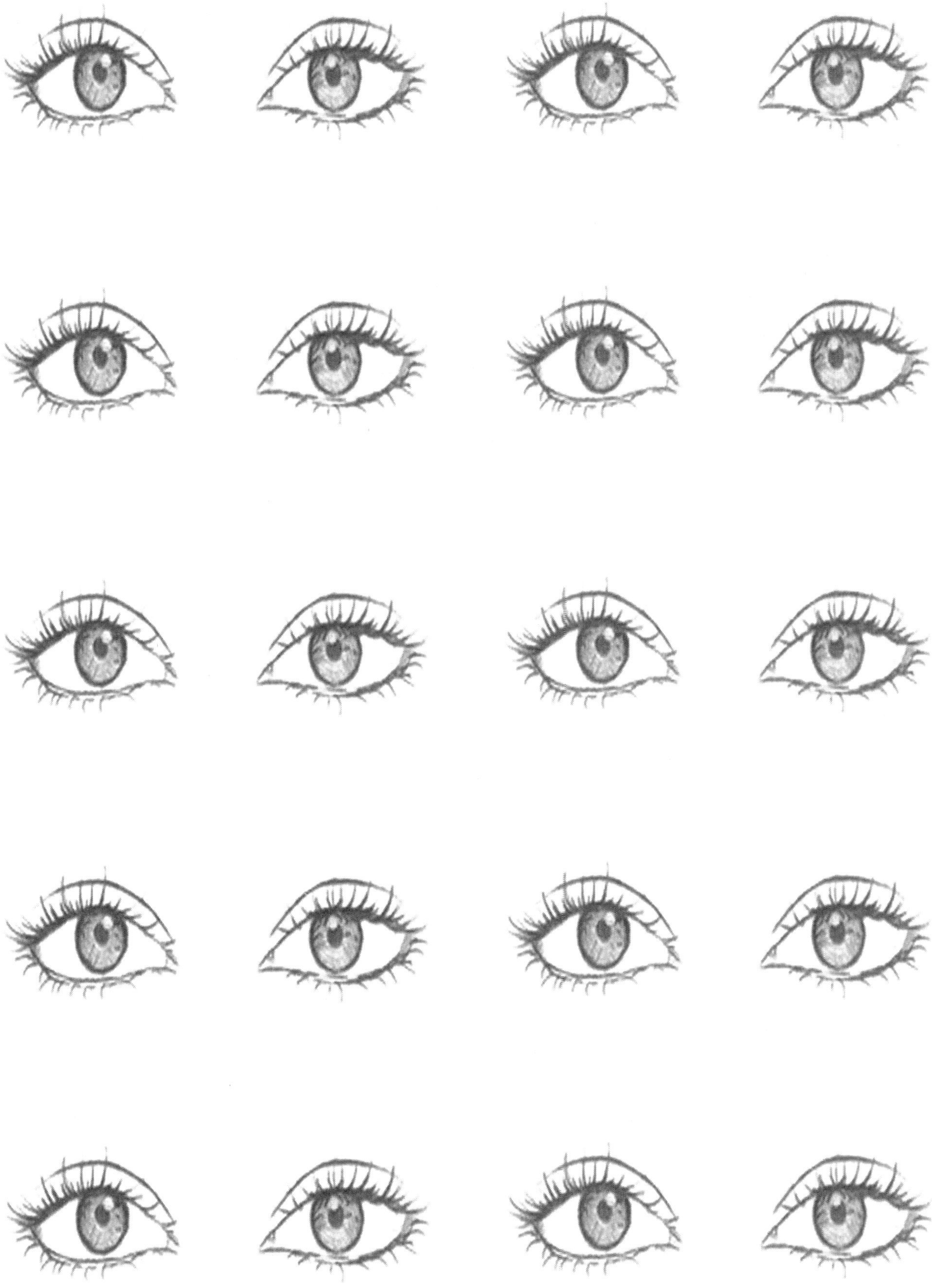

9. 메이크업 패턴 연습

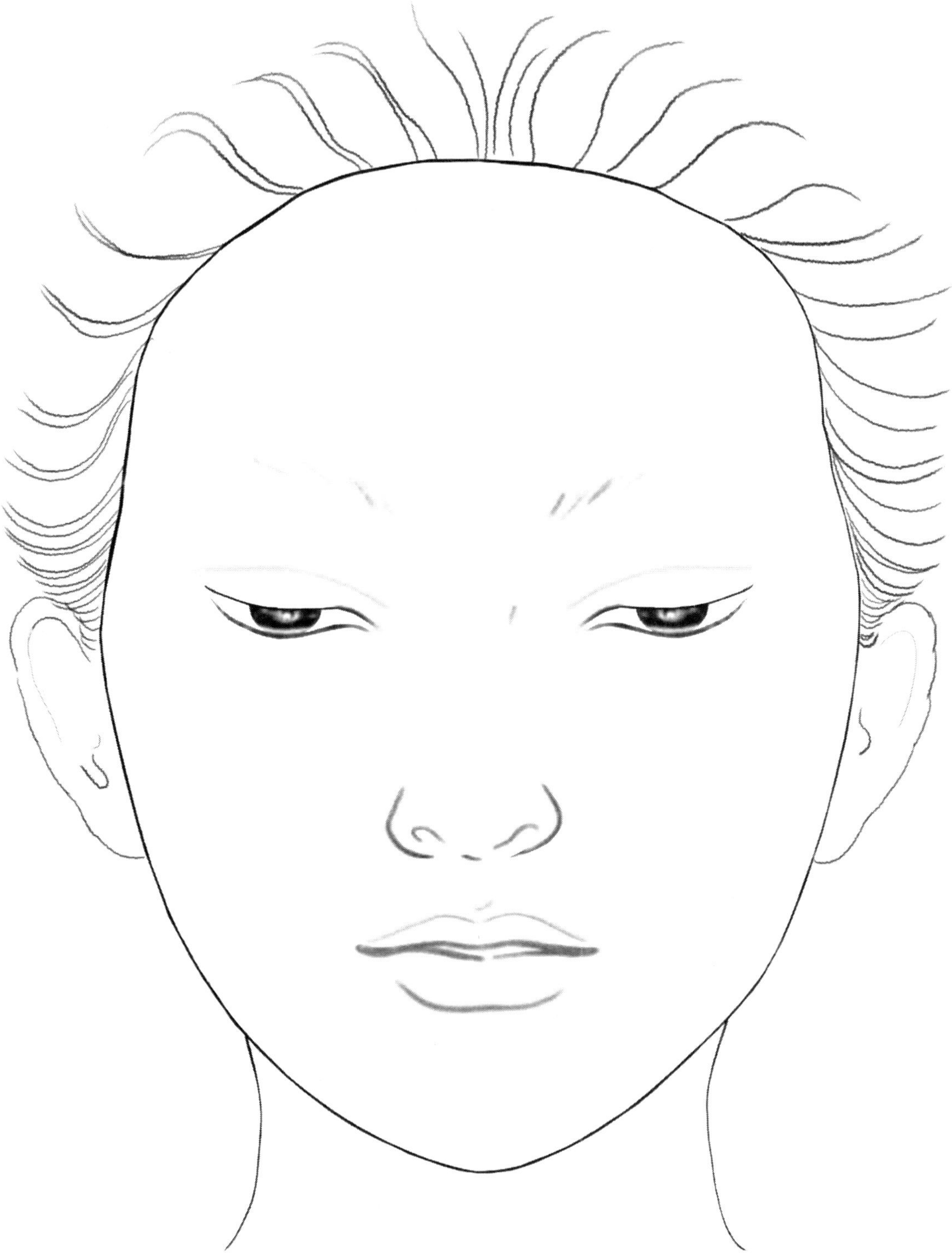

메이크업 패턴 연습

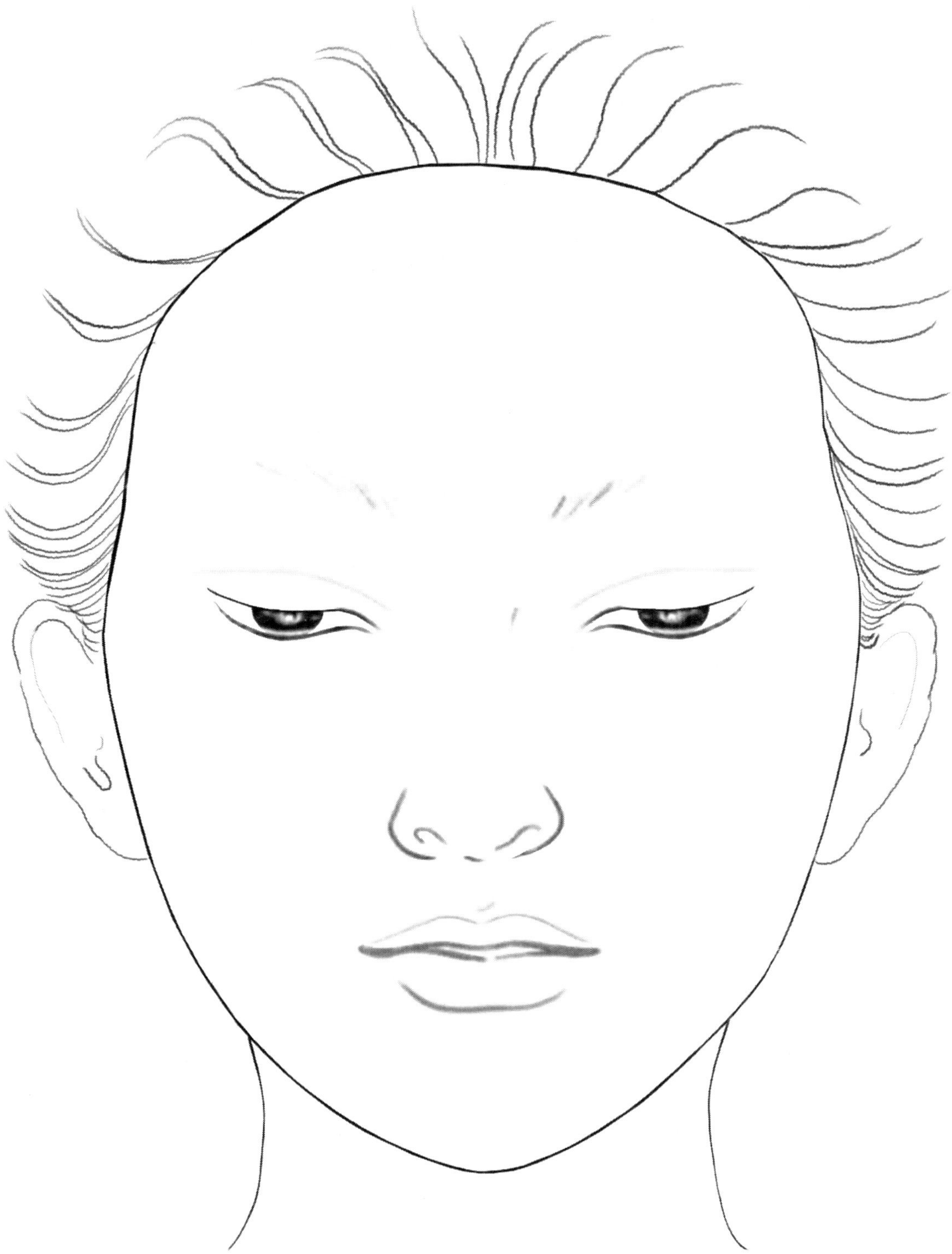

메이크업 패턴 연습

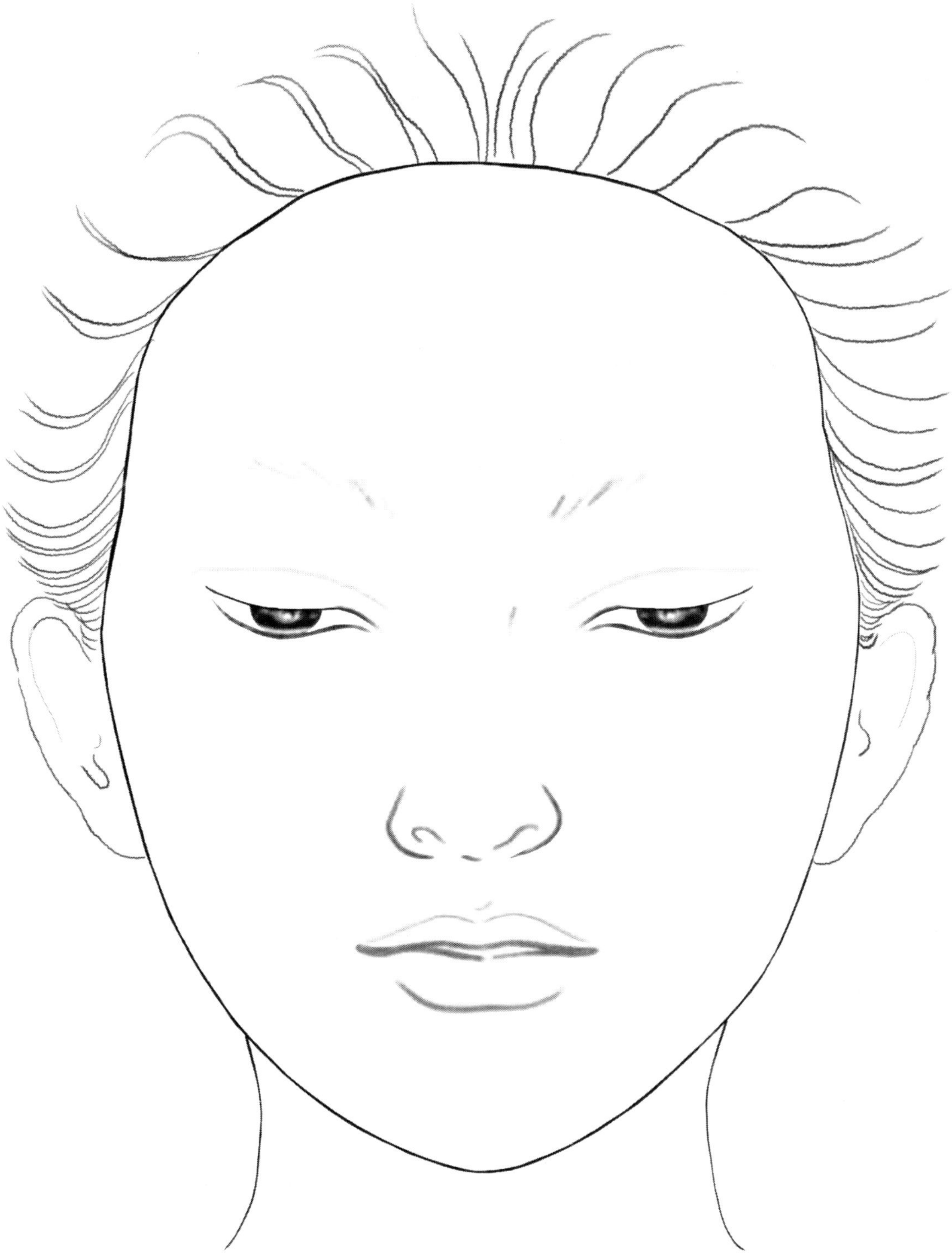

메이크업 패턴 연습

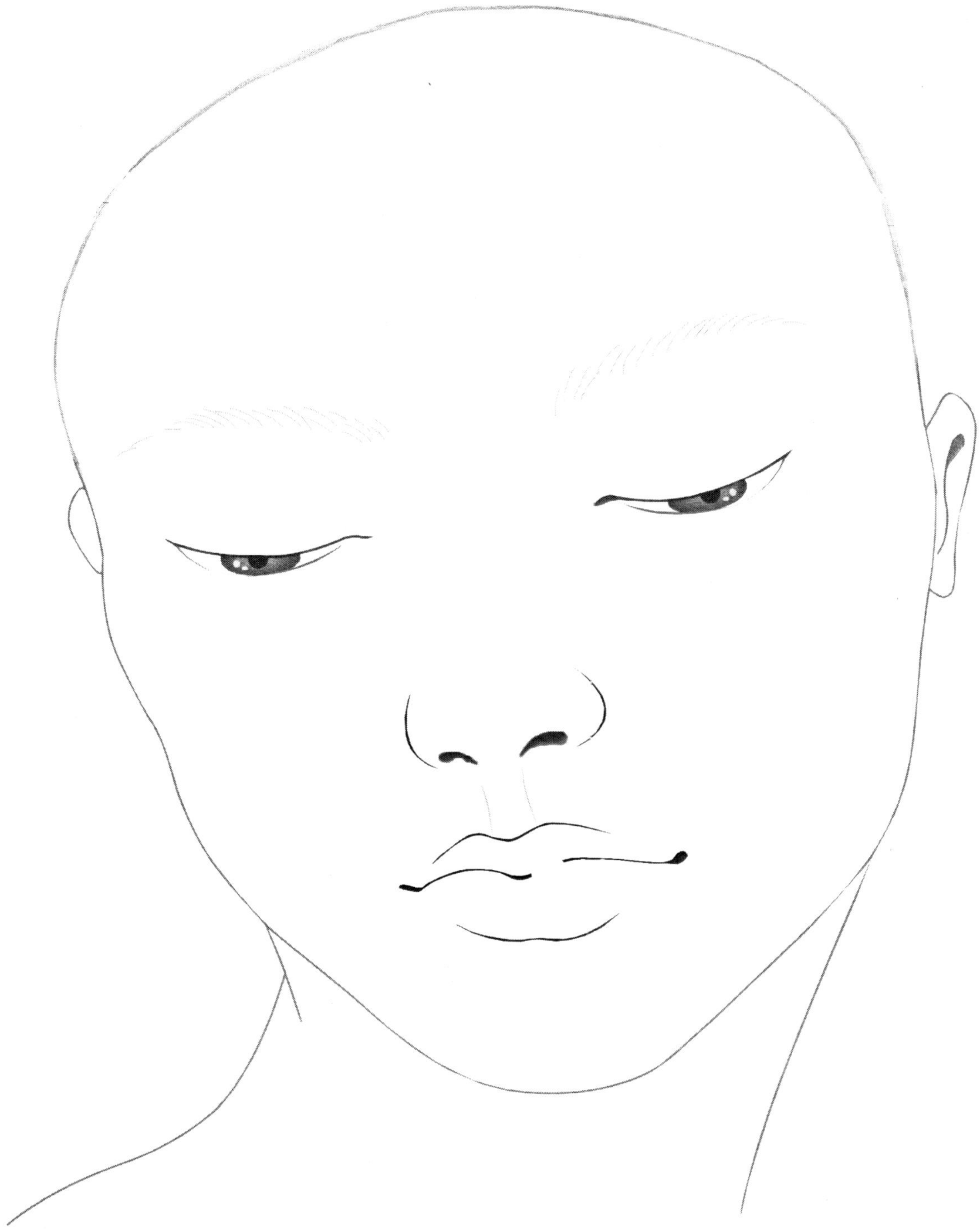

메이크업 패턴 연습

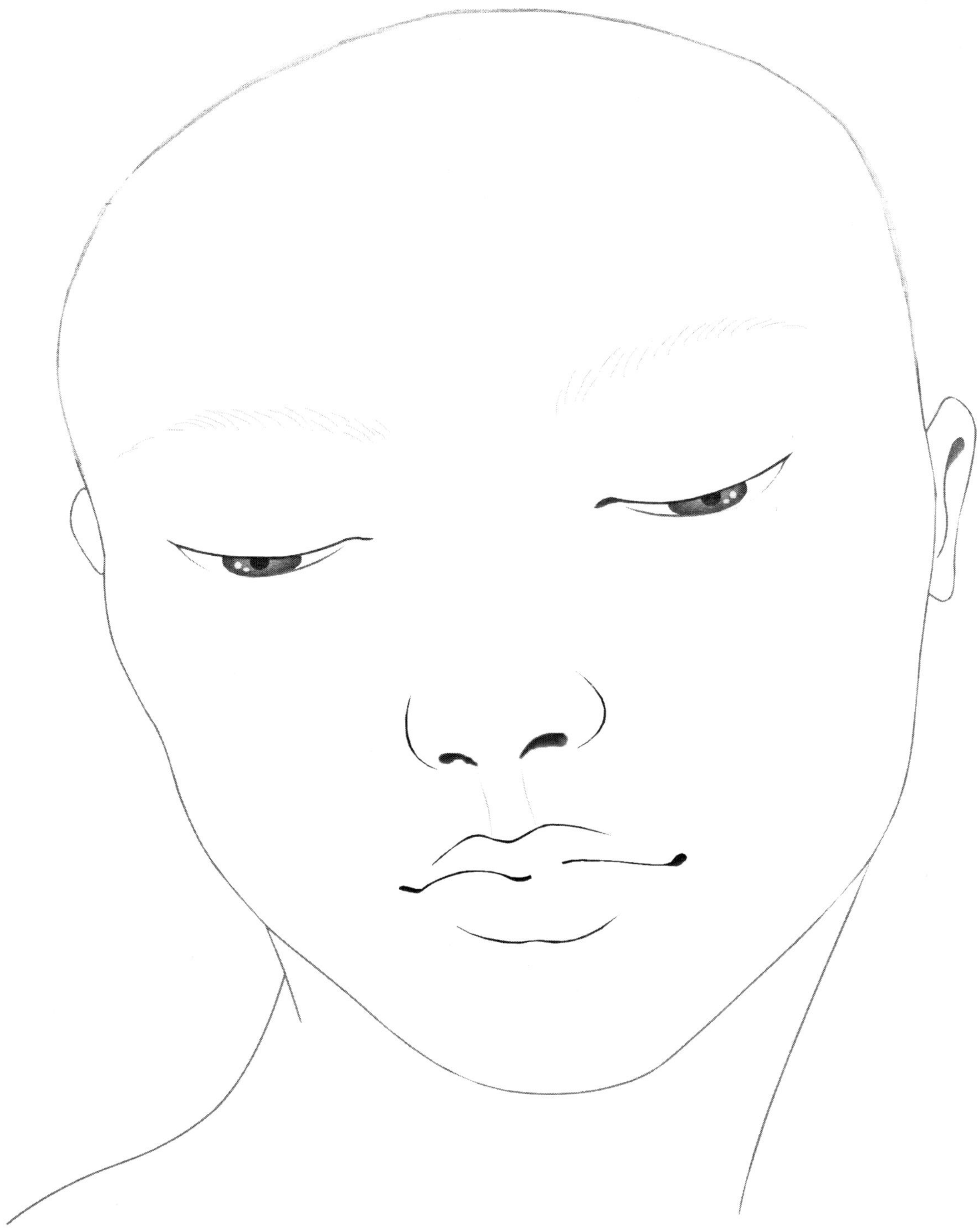

메이크업 패턴 연습

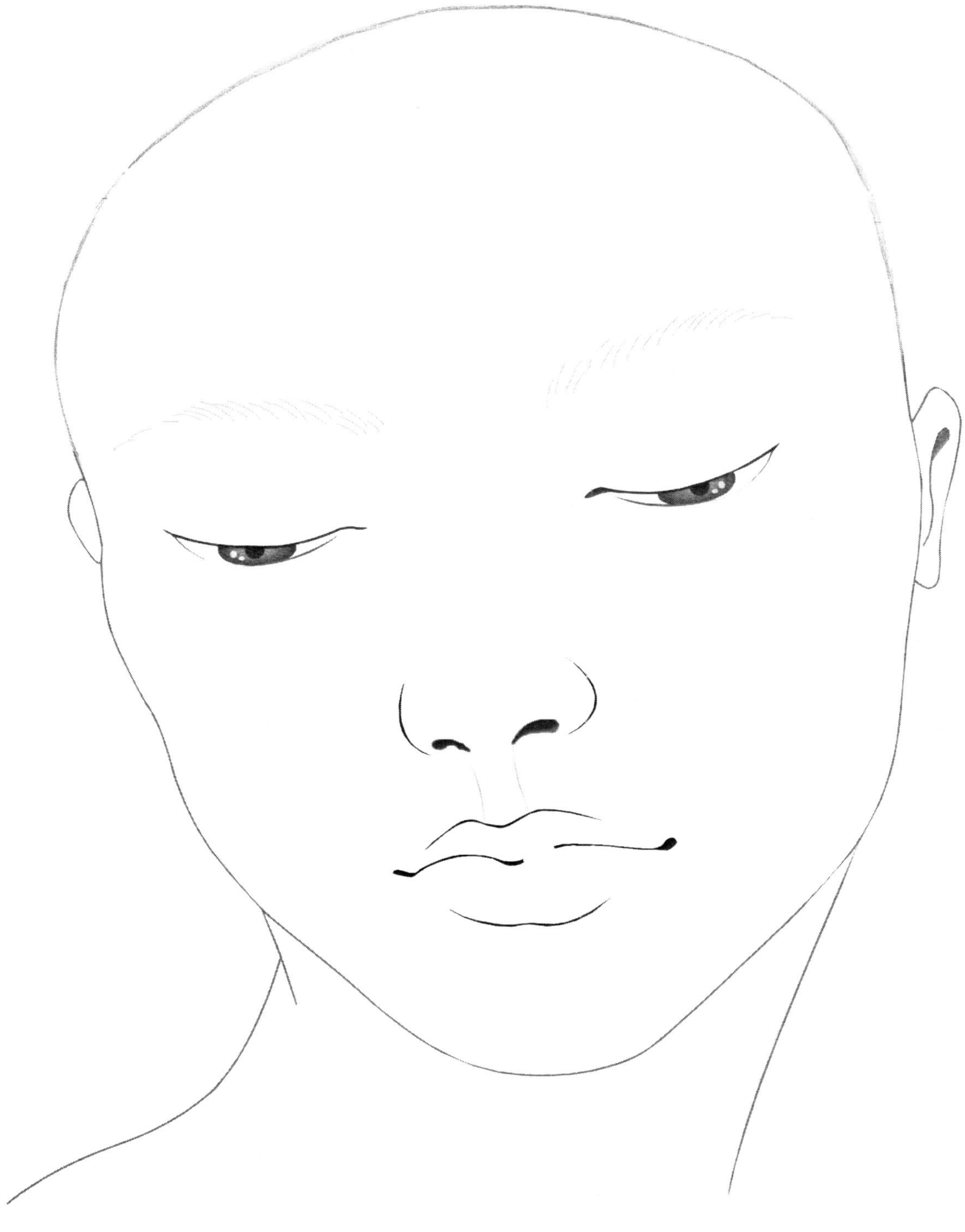

메이크업 패턴 연습

메이크업 패턴 연습

메이크업 패턴 연습

10. 아트 마스크

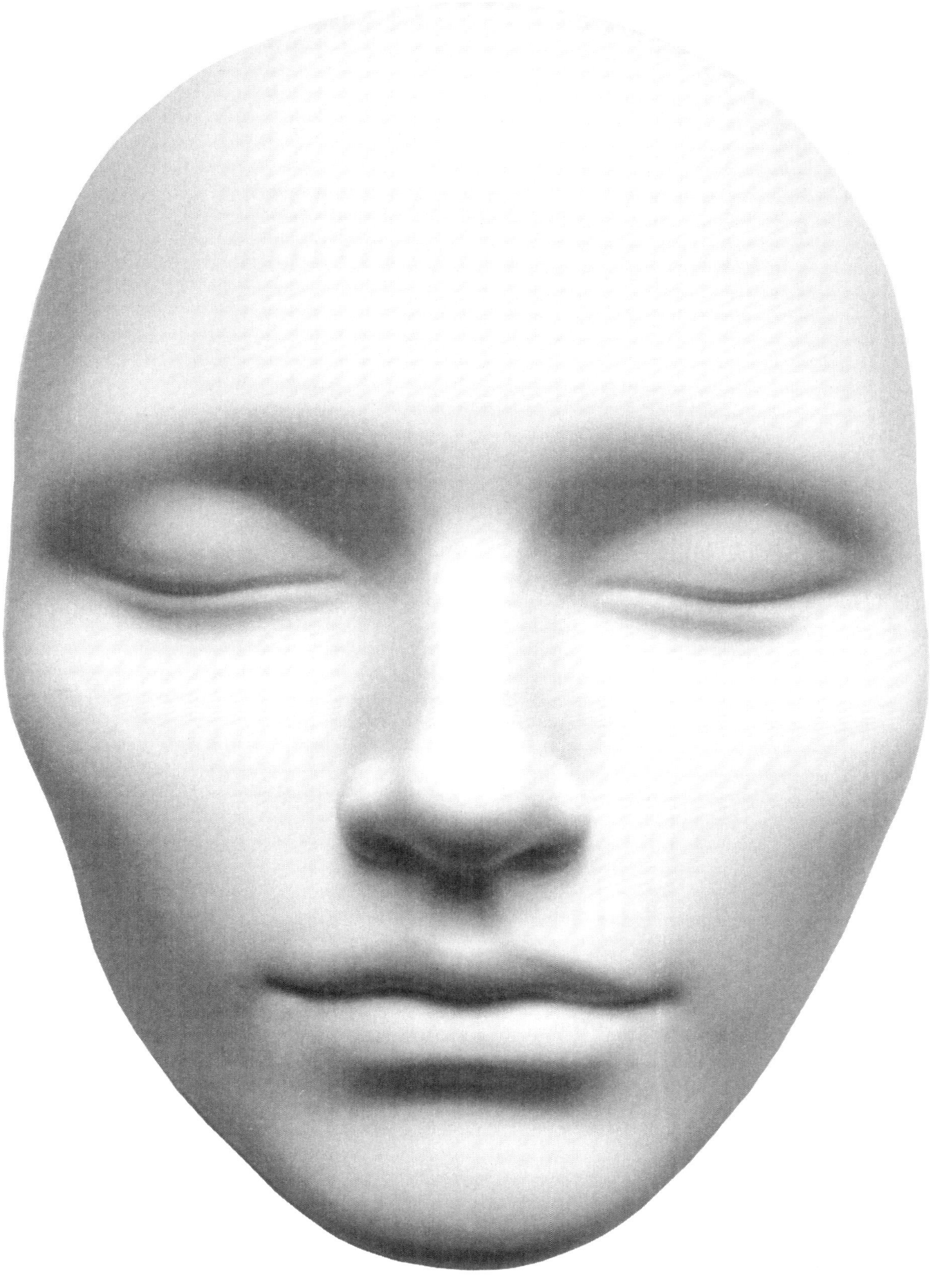

아트 마스크

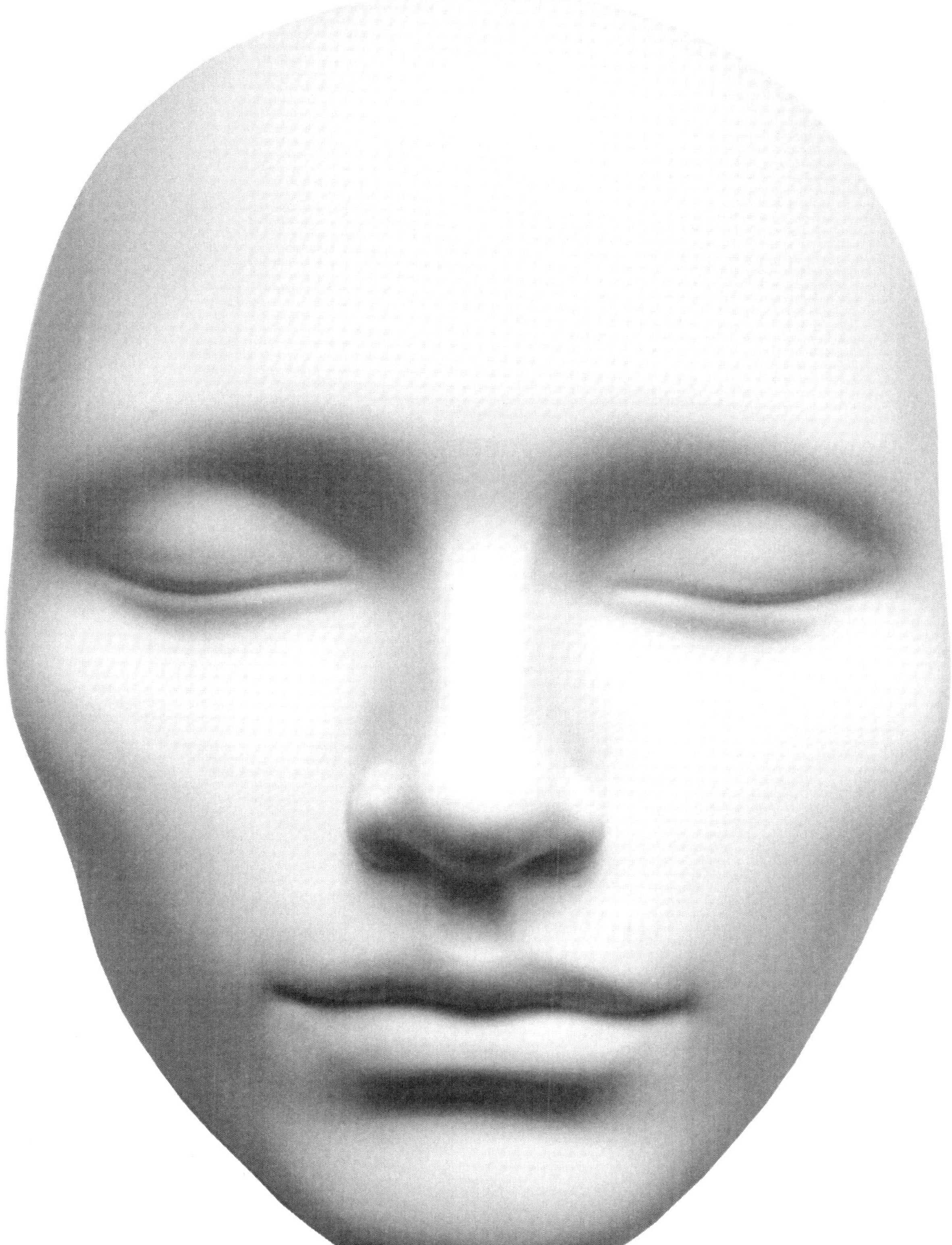

아트 마스크

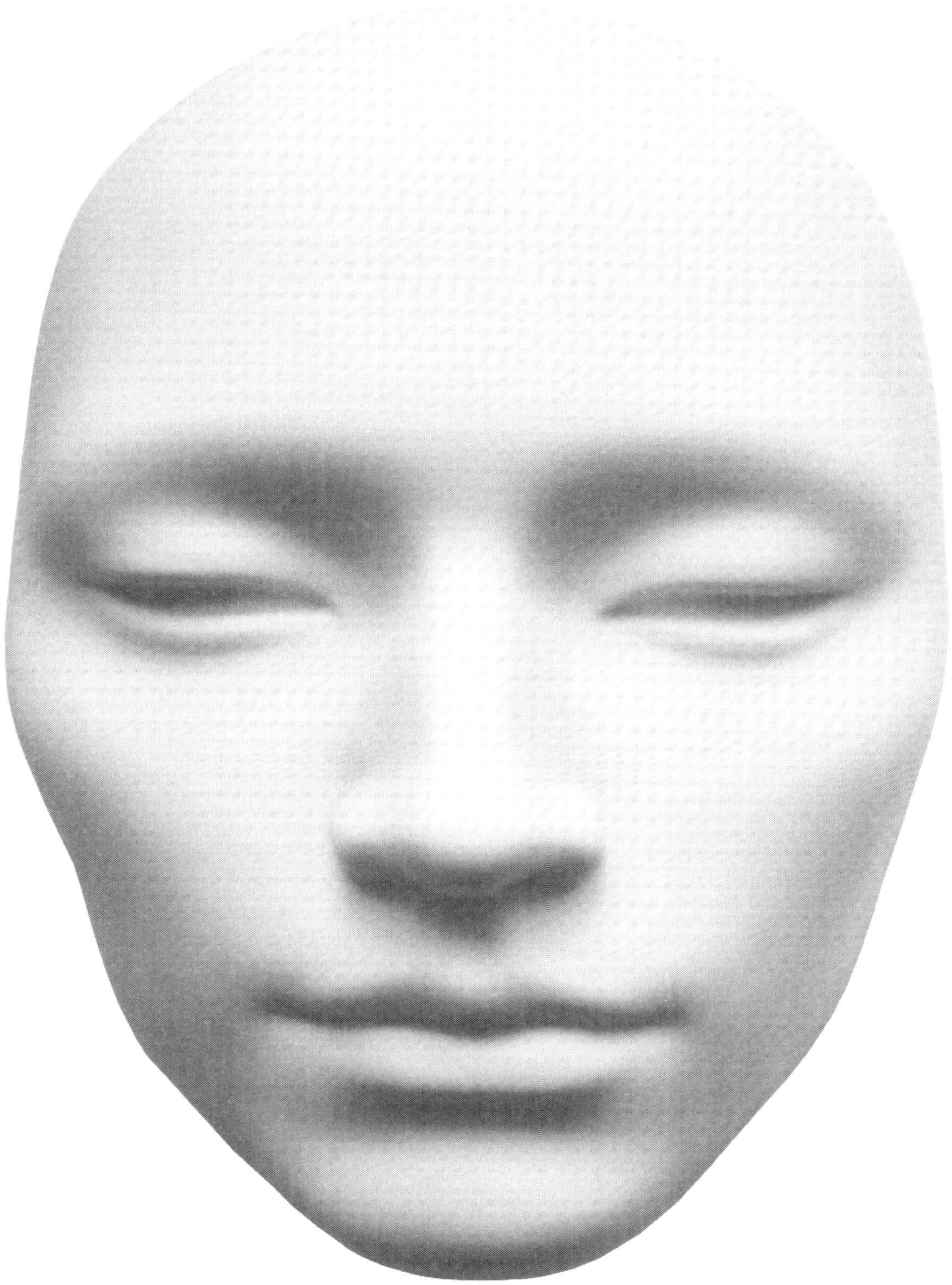

아트 마스크

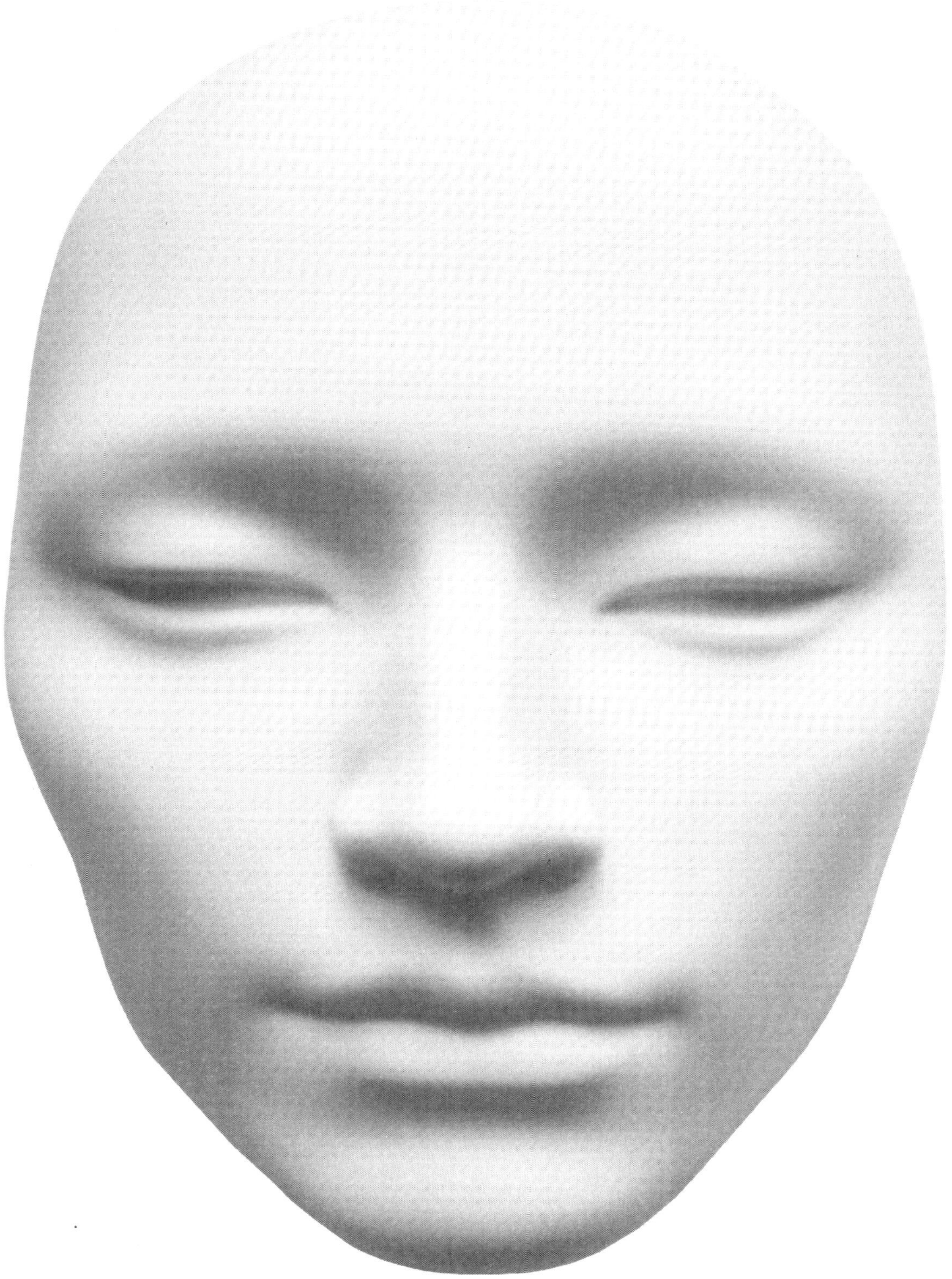

11. 보디 페인팅 연습

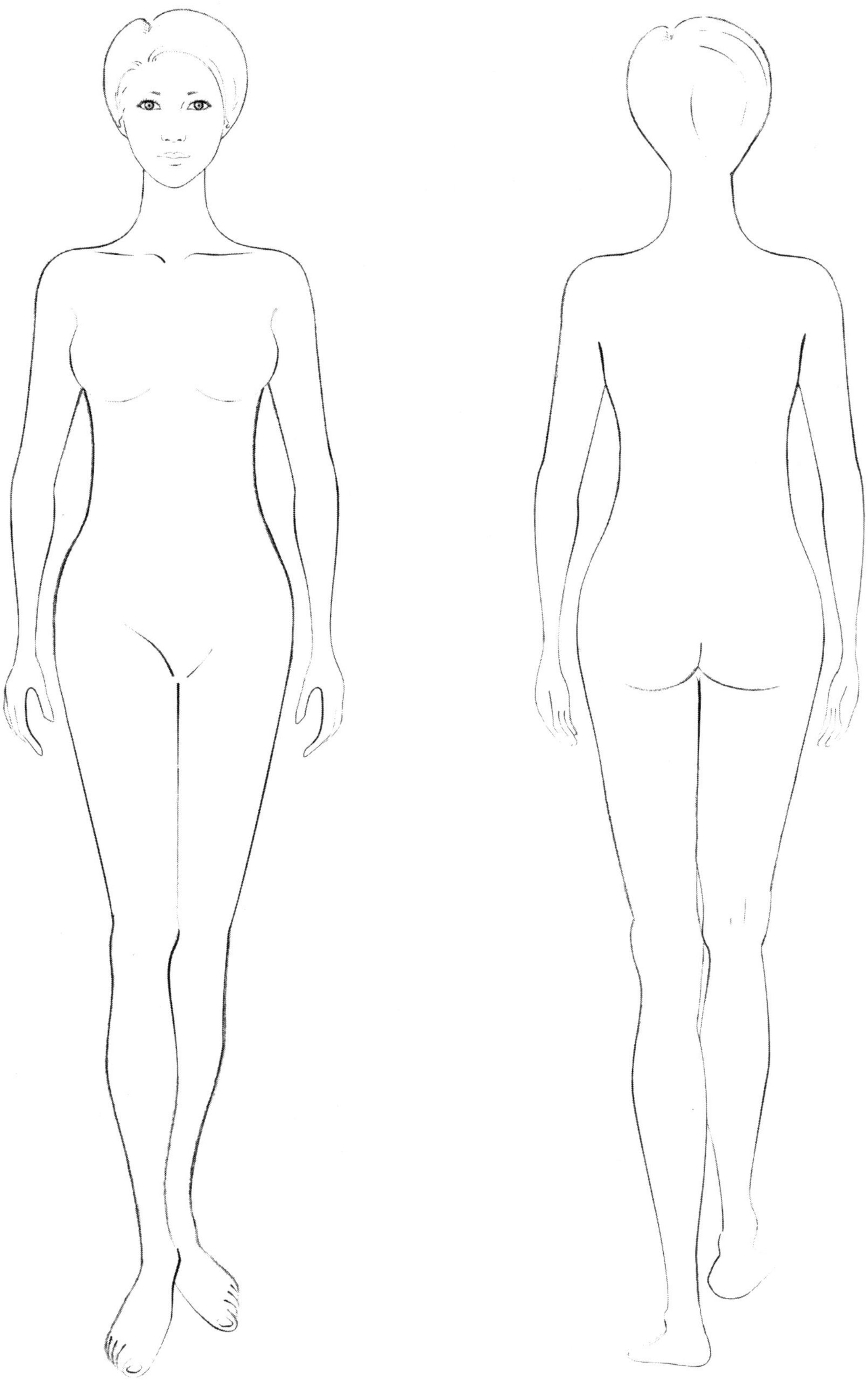

보디 페인팅 연습

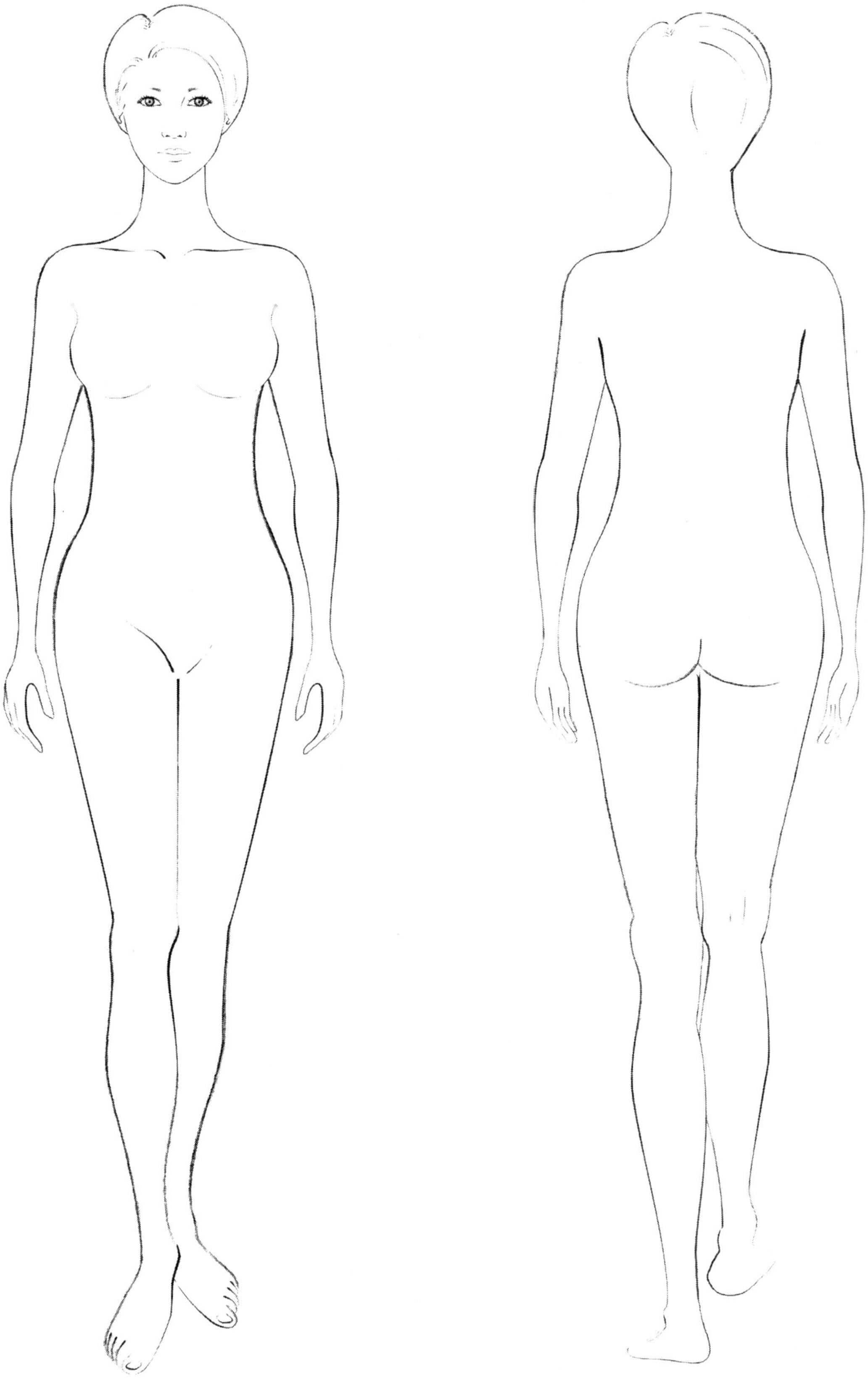

보디 페인팅 연습

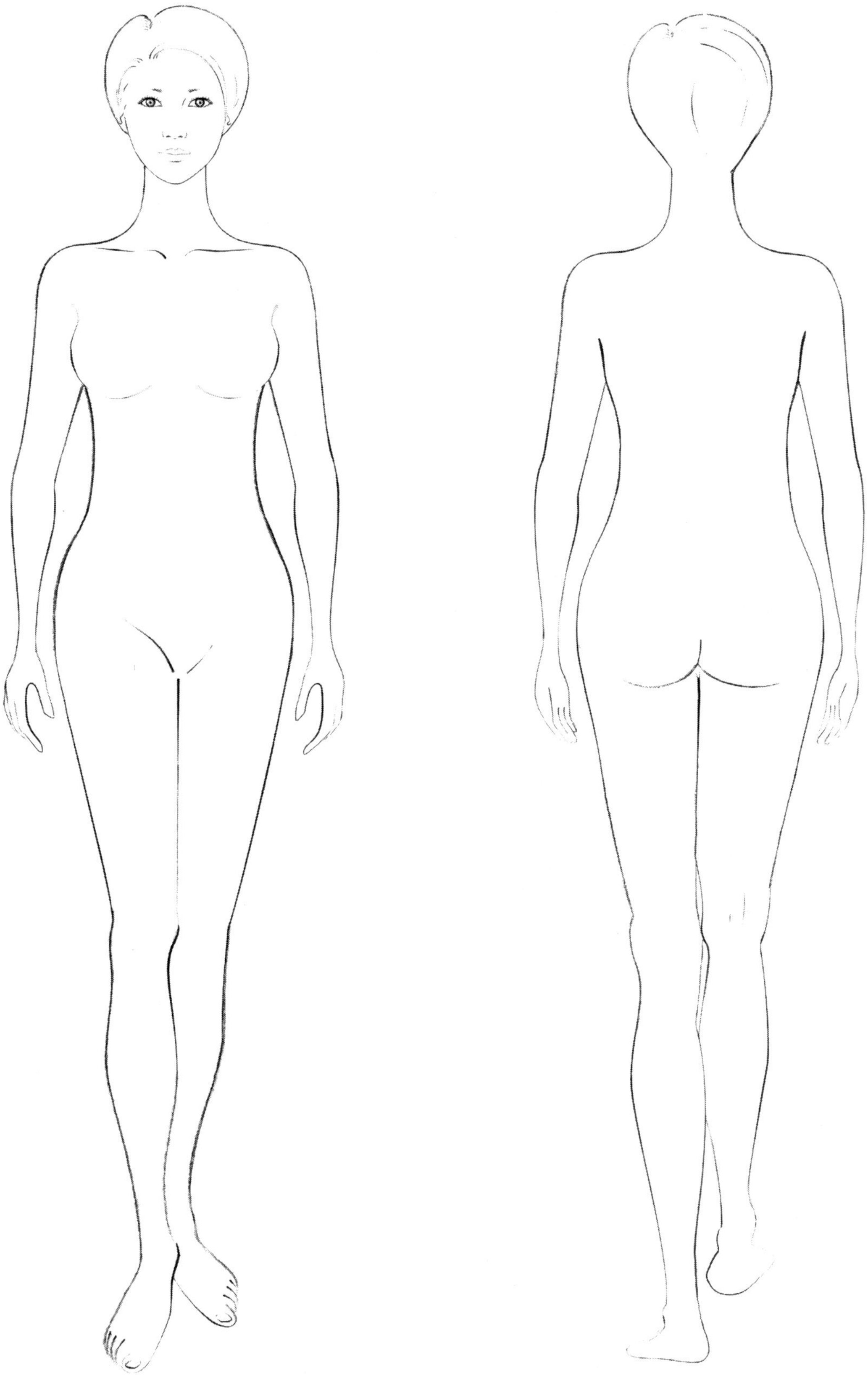

저자 약력 : 문 정 은

- 정화예술대학 미용예술학부 교수
- 중국 길림애니메이션 대학교 객좌 교수
- 세종대학교 패션디자인학 박사(패션 뷰티 디자인 전공)

에어브러시

2013년 3월 13일 1판 1쇄 인 쇄
2013년 3월 18일 1판 1쇄 발 행

지 은 이 : 문 정 은
펴 낸 이 : 박 정 태

펴 낸 곳 : **광 문 각**

413-756
경기도 파주시 문발동 파주출판문화도시 500-8
광문각 B/D 4층
등 록 : 1991. 5. 31 제12-484호
전 화(代) : 031-955-8787
팩 스 : 031-955-3730
E-mail : kwangmk7@hanmail.net
홈페이지 : www.kwangmoonkag.co.kr

ISBN : 978-89-7093-724-3 93590

값 : 22,000원

한국과학기술출판협회회원